A reutilização da água

Mais uma chance para nós

Luiz Augusto Rodrigues da Luz

A reutilização da água
Mais uma chance para nós

QUALITYMARK

Copyright© 2005 by Luiz Augusto Rodrigues da Luz

Todos os direitos desta edição reservados à Qualitymark Editora Ltda.
É proibida a duplicação ou reprodução deste volume, ou parte do mesmo, sob qualquer meio, sem autorização expressa da Editora.

Direção Editorial SAIDUL RAHMAN MAHOMED editor@qualitymark.com.br	Produção Editorial EQUIPE QUALITYMARK
Capa WILSON COTRIM	Editoração Eletrônica UNIONTASK

CIP-Brasil. Catalogação-na-fonte
Sindicato Nacional dos Editores de Livros, RJ

L994r

Luz, Luiz Augusto Rodrigues da
   A reutilização da água: mais uma chance para nós/Luiz Augusto Rodrigues da Luz. – Rio de Janeiro: Qualitymark, 2005.
   140p.

   Inclui bibliografia

   1. Água – reutilização. 2. Água – conservação. 3. Água – qualidade. 4. Recursos hídricos – desenvolvimento.

05-1625

CDD 628.16
CDU 628.16

2005

IMPRESSO NO BRASIL

Qualitymark Editora Ltda.
Rua Teixeira Júnior, 441
São Cristóvão
20921-400 – Rio de Janeiro – RJ
Tel.: (0XX21) 3860-8422

Fax: (0XX21) 3860-8424
www.qualitymark.com.br
E-Mail: quality@qualitymark.com.br
QualityPhone: 0800-263311

Agradecimentos

Os agradecimentos são destinados a todos que acreditaram no meu trabalho e na sinceridade de meus comentários. À editora que se articulou para poder trabalhar um assunto tão polêmico e atual, que gera uma série de debates e que envolve os poderosos, as transnacionais e os governos que têm caráter imperialista. Aos meus filhos, que, nas diferentes faixas etárias, foram notáveis em seus comentários. Samantha, que auxiliou incansavelmente na digitação dos textos iniciais. Erik e Jessica, que sempre me incentivaram, com situações que me descontraíam nos momentos de tensão e cansaço. Minha esposa Sandra, atenta a todos os meus esforços e que disponibilizou com mestria os elementos que me facilitaram a execução de meu intento. Ao Técnico de Segurança do Trabalho Frederico Abreu, amigo e gestor do SGI na Petrobras Distribuidora, o qual foi de uma ajuda inestimável pelos comentários de incentivo. Ao Engenheiro Marcelo Fontoura da Silva, que redigiu o prefácio com a eficiência que lhe é peculiar. Ao Prof. Doutor Mauro Guimarães, que é um verdadeiro marco na luta pela disseminação da Educação Ambiental. Enfim a DEUS, que me permitiu mostrar às pessoas a importância dos bens que a nós foram dados e confiados e que deveremos inexoravelmente prestar contas.

Prefácio

Impossível negar, porque fundadas em fatos e dados, as transformações ambientais experimentadas por nosso Planeta em vista da evolução das ações antrópicas.

Dentro destas mesmas ações, destacam-se, sem dúvida, aquelas que visaram e visam tanto à "produção" de energia quanto a suas formas de utilização, posto que é a disponibilidade de energia o pressuposto de fato para se pensar e conceber quaisquer ações ou ocorrências que se dêem neste Universo de dimensões insondáveis.

Nesse contexto, mesmo que restritos a tempos mais atuais, é inexorável que relacionemos a evolução da degradação do meio ambiente às formas de obter e utilizar energia por parte de duas grandes potências hegemônicas em suas respectivas épocas (o que, igualmente, foi imposto ao resto do mundo):

- A Inglaterra (com base no carvão mineral), desde o advento da Revolução Industrial até o final da Segunda Grande Guerra;

- Os Estados Unidos (com base no petróleo/gás natural), desde o final da citada guerra até os dias atuais (o que é agravado pelo fato de que, nestes mesmos dias, tal país se encontra na condição de potência econômico-militar, inconfrontável em termos convencionais).

Ao mesmo tempo cabe a seguinte questão: que conflitos armados relevantes contrapuseram países e interesses, no séculos passado e presente, sem relação com o domínio de fontes de energia (majoritariamente o petróleo)?

Materializando o seu intuito de publicar uma obra que contribuísse para auxiliar a disseminação da mensagem das imperativas necessidades da preservação da qualidade ambiental do Planeta e do uso racional de recursos naturais (porque finitos), meu competente colega Luiz Augusto Rodrigues da Luz fulcra com mestria a implacável questão da água. Sendo inevitável a inserção deste mineral no âmbito dos processos (principalmente aqueles já salientados) que engendram modificações paulatinas na estrutura e na qualidade da biosfera, o autor não mede esforços para conscientizar seus leitores da inviabilidade do prosseguimento da vida, na Terra, com água indisponível na quantidade e qualidade exigíveis para seus usos vitais e econômicos, ainda que sob consumo racionalizado.

Isto, particularmente, ganha grande relevância quando se constata que o Brasil é o maior detentor mundial de água doce sob forma aproveitável pela humanidade[*], tudo porque as informações disponibilizadas, que cumprem um papel proficuamente desalienante, aguçam o espírito de vigilância de que todo brasileiro autêntico deve se imbuir frente à plenamente concreta ameaça que poderá vitimar de uma vez por todas a soberania nacional, agora por um novo viés: o da necessidade de controle por parte das já citadas potências hegemônicas sobre, dentre outras matérias-primas, este bem maior que é o "ouro azul".

Por tudo isso, não restam dúvidas de que, com a publicação desta obra, nós, brasileiros, estamos sendo brindados com mais um confiável instrumento formador de opinião capaz de produzir consciências, posturas e atitudes que possibilitem tanto o contorno do impasse ambiental que se avizinha (em nível local e mundial) quanto a salvaguarda de nossos mais legítimos interesses como nação independente, e, sempre, na condição de sujeitos únicos de nosso próprio destino.

Marcelo Fontoura da Silva
Engenheiro Químico de Processamento Petroquímico
da Petrobras Distribuidora S.A.

---

[*] Em números: 97,14% do volume de água existente no Planeta são salgados; dos 2,86% restantes, portanto doces, 21% estão no território nacional. A Amazônia brasileira abarca 15% de todo o volume de água de que os seres vivos dispõem.

Sumário

Agradecimentos, V

Prefácio, VII

Prólogo, 1

Introdução, 5

CAPÍTULO 1 – A Origem da Água e a Dessacralização da Natureza, 11

CAPÍTULO 2 – Água – Benefício ou Problema?, 23

CAPÍTULO 3 – A Água no Espaço Pára ou Gera Crise Aqui na Terra?, 77

CAPÍTULO 4 – O que Estamos Fazendo nas Empresas, 87

CAPÍTULO 5 – O Desacordo Está Efetivado. Existe Então Água Nova, 103

CAPÍTULO 6 – Dicas para se Economizar Água, 111

Conclusão, 119

Glossário/Siglário, 121

Referências Bibliográficas, 123

Poema das Águas, 125

Prólogo

A idéia de escrever sobre os problemas que enfrentamos e enfrentaremos devido à postura que assumimos no lidar com os bens naturais, principalmente quando o tema é a água, não é uma tarefa fácil, pois tecer uma resolução satisfatória e em tempo hábil envolve não só a nós, como pessoas físicas, mas as grandes corporações e governos que primam por suas necessidades, não se importando com o desenrolar para o resto do mundo – e isso não é uma frase apelativa, é real. Simular situações que possam dar às pessoas a verdadeira noção das dimensões dos problemas sobre a água se torna ainda mais delicado, porque elas ainda não estão vivendo a obrigatoriedade na redução do volume que hoje ainda podemos destinar para nossos lares. Logicamente, se a postura modificar em tempo as vicissitudes serão mais brandas e quem sabe possamos suplantar esse infortúnio em prazo mais abreviado. As inovações tecnológicas infundem nas pessoas a falsa impressão de que tudo está melhorando e de que o homem, que sempre driblou suas querelas, achará uma saída triunfal. Parte desse pensamento é verdade: os avanços são inegáveis, mas ninguém conseguiu produzir água a um preço tão baixo que possa ser inserido na rotina dos povos pelo mundo.

Apresentar a declaração universal dos direitos da água (www.universidadedasaguas.com.br) é, assim, de fundamental importância, pois a maioria não conhece seus direitos sobre esse bem ímpar e muito menos os seus deveres, como veremos nas considerações a seguir.

1. A água faz parte do patrimônio do Planeta. Cada continente, cada povo, cada região, cada cidade, cada cidadão é plenamente responsável aos olhos de todos.
2. A água é a seiva do nosso Planeta. Ela é a condição essencial de vida e de todo ser vegetal, animal ou humano. Sem ela não poderíamos conceber a atmosfera, o clima, a vegetação, a cultura ou a agricultura. O direito à água é um dos direitos fundamentais do ser humano: o direito à vida, tal qual é estipulado no art. 30 da Declaração Universal dos Direitos Humanos.
3. Os recursos naturais de transformação da água em água potável são lentos, frágeis e muito limitados. Assim sendo, a água deve ser manipulada com racionalidade, preocupação e parcimônia.
4. O equilíbrio e o futuro de nosso Planeta dependem da preservação da água e dos seus ciclos. Estes devem permanecer intactos e funcionando normalmente, para garantir a continuidade da vida sobre a Terra. Este equilíbrio depende, em particular, da preservação dos mares e oceanos por onde os ciclos começam.
5. A água não é somente uma herança dos nossos predecessores – ela é, sobretudo, um empréstimo aos nossos sucessores. Sua proteção constitui uma necessidade vital, assim como uma obrigação moral do homem para as gerações presentes e futuras.
6. A água não é uma doação gratuita da Natureza – ela tem um valor econômico: é preciso saber que ela é, algumas vezes, rara e dispendiosa e que pode muito bem escassear em qualquer região do mundo.
7. A água não deve ser desperdiçada, nem poluída, nem envenenada. De maneira geral, sua utilização deve ser feita com consciência e discernimento, para que não se chegue a uma situação de esgotamento ou de deterioração de qualidade das reservas atualmente disponíveis.
8. A utilização da água implica o respeito à lei. Sua proteção constitui uma obrigação jurídica para todo homem ou grupo

social que a utiliza. Esta questão não deve ser ignorada nem pelo homem nem pelo Estado.

9. A gestão da água impõe um equilíbrio entre os imperativos de sua proteção e as necessidades de ordem econômica, sanitária e social.

10. O planejamento da gestão da água deve levar em conta a solidariedade e o consenso em razão de sua distribuição desigual sobre a Terra.

Introdução

Devido à complexidade em relação à abordagem de assuntos como a sustentabilidade dos corpos hídricos, como lagos, lagoas, mares fechados, reservas subterrâneas, cachoeiras e outras implicações que se inter-relacionam com o objeto central deste livro, a dificuldade na consolidação dos pensamentos que expressam de forma clara tal preocupação foi verdadeiramente um ponto a ser vencido, até que, por uma feliz coincidência, pude reunir dados que se traduziram em um leque de informações relevantes, embora a fonte destes dados tenha surgido de projeções de um computador.

O simulador eletrônico que me deu esse suporte adicional foi estruturado com base nas condições ideais que um determinado planeta deveria possuir para abrigar uma espécie de vida com as necessidades intrínsecas à sua biologia. Tal jogo é um programa sofisticado, retratando uma realidade que em muitos momentos se caracterizava pela crueldade, onde determinadas espécies sucumbiam pelo desequilíbrio ambiental que fosse implementado. Nesse mórbido *game*, algumas mudanças como temperatura, oferta de gêneros alimentícios, competição intra-específica (entre a mesma espécie) e interespecífica (entre espécies diferentes), quantidade de indivíduos das espécies concorrentes e espaço físico para estabelecimento da teia alimentar não eram fatores que, isoladamente, afetariam incisivamente as espécies. Mas, quando "esse" único elemento escasseava ou por algum desastre natural se tornava impróprio para consumo, a desolação e a morte se instalavam com velocidade avassaladora. Esse elemento, essa substância a que aqui me refiro, é a ÁGUA!

Na tela à minha frente, um sentimento de inquietação se abatera sobre mim. Nesse mesmo instante de desconforto, um *insight* acusa que as visões, embora sendo extremamente dramáticas, eram advindas de uma simulação. Minha mente e meu coração nesse instante pareceram pactuar uma trégua; a lógica e o sentimento humano da compaixão parecem ter encontrado um equilíbrio, mas só foram restabelecidos os níveis basais de normalidade quando pude novamente mudar as condições do jogo e transformar aquele suposto planeta com aparência sem vida, como *Hadean Aeon* (Hades), em um Edênico local.

Desenvolvendo um pensamento análogo a essa situação fictícia, as condições ambientais que hoje usufruímos apresentam características em muitos detalhes semelhantes às do caos que vislumbrei com profunda apreensão. A nossa possível "virada de mesa", infelizmente, não está sistematizada como no jogo, onde um novo *start* instaura a paz e a normalidade é estabelecida em frações de segundo. Há, sem a menor dúvida, pessoas e condições para que possamos reverter ainda em tempo hábil os desastrosos efeitos que a ação humana impensada, que sempre primazia o lucro, está impondo aos corpos hídricos – enfim, à água.

Neste trabalho poderão observar a deterioração e a superexploração de rios e aqüíferos, ação suicida implementada por todo o Planeta. Os despejos assassinos nos leitos dos rios, onde as populações ribeirinhas são as mais castigadas, mesmo que de forma implícita, não são contemplados nessa ocasião por terem contato com as mais variadas formas de impurezas no tráfego fluvial. O problema das águas tratadas, onde uma sempre crescente alíquota de produtos químicos é inserida em razão da superlativa quantidade de particulados e agentes nocivos, os quais vêm deprimindo sua qualidade para o consumo humano, demonstra ser o único meio que a sociedade atual aponta como solução. O controle nos gastos de condomínios através de hidrômetros e uma possível reutilização da água, bem como a racional reutilização das que correm para os ralos nos postos de gasolina, oriundas dos lava-jatos, e a participação efetiva das pessoas usando o bom senso podem apontar um norte e finalmente acharmos o caminho.

Não há como suprir a água com uma outra substância, mesmo com toda a tecnologia de que dispomos ou de que poderemos ainda dispor. Ela faz parte da vida do homem, está em seu cerne, inclusive a Terra a utilizou como a redentora para todas as espécies. Precisamos entender de uma vez por todas que essa pugna é de todos nós – o dever de vigilância, e até mesmo o de interferência, tem de estar bem vívido em nossas mentes, pois, sem querer utilizar uma expressão do tipo clichê, esse será um dos legados que deixaremos para as novas gerações. O alerta salutar sobre o que neste momento ocorre com os mananciais e rios pelo mundo, os problemas geopolíticos e a sempre presente e crescente cobiça humana são fatores letais que estão embutidos neste contexto.

Queria então convidá-los para uma análise sobre os problemas, sem estar me vestindo com a roupagem de um cavaleiro do apocalipse, mas, acima de tudo, com o genuíno interesse de equacionarmos algumas variáveis que estamos aplicando de forma equivocada e perigosa, tendo sido esse modo de pensar e agir inserido através do tempo, desde algumas centenas de anos antes de Cristo até os nossos dias, como poderemos atestar nas considerações posteriores. Mas, antes, uma pergunta é muito importante: como mobilizar a sociedade para a defesa do meio ambiente?

De um lado sabemos que somente o povo nas ruas fez o movimento das diretas. Mas, por outro lado, sabemos como é difícil hoje mobilizar pessoas por qualquer causa. Defender o meio ambiente é defender o nosso futuro, o futuro dos jovens. Todos devem se lembrar da participação de Sevem Suzuki e das crianças canadenses na ECO/92. Eles vieram fazer um apelo aos adultos. Entre outras coisas importantes, diziam elas no texto:

"Vocês não sabem como tampar o buraco na camada de ozônio."

"Vocês não sabem como salvar os peixes das águas poluídas."

"Vocês não podem ressuscitar os animais extintos."

"Vocês não podem recuperar as florestas que existiam um dia onde hoje é deserto."

"Se vocês não podem recuperar nada disso, então, por favor, parem de destruir."

"Na ECO/92 foram aprovados e acordados dispositivos, como o efetivo papel das organizações não-governamentais e a celebração de parcerias para o desenvolvimento sustentável. Mas demanda muito tempo quando aguardamos que só o governo resolva. A lei que mencionou a respeito do serviço voluntário surgiu em fevereiro de 1998.

A nova lei das ONGs surgiu em março de 1999, e sua regulamentação, em junho de 1999. A lei que instituiu a Política Nacional de Educação Ambiental é de abril de 1999. E uma indagação é válida: quantos conhecem a lei? E quantas pessoas a cumprem? Precisamos estar vigilantes. O desenrolar dos acontecimentos exige participação da sociedade em todas as esferas. O momento exige parcerias com o poder público e com as empresas. Como mobilizar? Não tenho receita. Ninguém tem." As colocações bem-estruturadas sobre quem mobilizar foram retiradas da www (*world wide web*), rede mundial de computadores.

A um político podemos dizer:

"Institua conselhos comunitários, de saúde, de educação, de alimentação escolar, de segurança, da criança, do jovem, da terceira idade, pois todos têm direito. E ouça o povo por meio dos conselhos. Permita a participação, governe com a comunidade."

"Dê treinamento aos participantes dos conselhos para o exercício da cidadania."

"Promova campanhas, valorize as iniciativas da comunidade, permita que todos sejam úteis."

"Institua prêmios para bons projetos."

"Tenha objetivos claros que reflitam as necessidades da comunidade. Use a sua força política para apoiar projetos da comunidade."

"Faça leis necessárias a todos e não apenas para um restrito grupo de interesses."

"Faça uma administração transparente, preste contas, mostre que está interessado no crescimento da sociedade."

"Faça um plano de governo em conjunto com a sociedade."

Para a comunidade podemos dizer:

"Participe onde for possível: do conselho da escola, da associação de pais e mestres, dos conselhos comunitários, do seu sindicato, das associações beneficentes, da sua igreja, participe até do seu condomínio."

"Organize festas, comemore todos os fatos, invente algo para todos participarem, use a criatividade."

"Seja voluntário numa associação. Isso pode representar um futuro emprego ou, no mínimo, experiência profissional tão exigida no mundo do trabalho. Isso pode significar que você vai poder mostrar o que sabe fazer. Pode ser que alguém o descubra."

Para uma ONG podemos dizer:

"Reúna a sua equipe, o seu time, faça o seu projeto."

"Valorize uma equipe multidisciplinar, encontre pessoas com habilidade para a mobilização."

"Monte um setor de voluntários e ajude a profissionalizar os nossos jovens."

"Profissionalize a sua instituição, tenha bons gerentes de projetos, faça captação de recursos, remunere os participantes."

"Busque parcerias. Um bom projeto é aquele que envolve o poder público, a iniciativa privada e a sociedade."

"Faça projetos de sucesso, que tenham público. E lembre-se de que o seu primeiro parceiro é o público do seu projeto."

A todos podemos dizer:

"Tenham projetos, façam projetos, divulguem seus projetos, vendam seus projetos, participem com o que vocês sabem fazer. Isso pode significar lucro, emprego e bons parceiros na construção da sociedade."

"Esperamos vir a criar em todos a esperança de que é possível mobilizar a comunidade para projetos que ela escolha e dos quais ela participa."

"Cuidem da educação das nossas escolas. Fiscalizem a aplicação dos recursos da educação, façam uma escola de qualidade, valorizem os professores. Na educação estão todas as nossas esperanças de formar um cidadão e a sociedade que merecemos."

"Encontremos, juntos, alternativas para os nossos jovens, para a eliminação da violência, para o desemprego, para o meio ambiente – enfim, para a vida numa sociedade democrática e participativa."

E sobre a água podemos dizer:

🌎 A água potável é necessária à vida, à saúde e à sobrevivência de todos os reinos. *Animalia, Plantae, Fungi, Monera* e *Protista*.

🌎 A água nutre as plantas, serve de habitat aos peixes e aos organismos aquáticos e torna possível a agricultura. Ou seja, ela está em todos os lugares.

🌎 A água é indispensável para certas indústrias. Os rios e lagos permitem o transporte e as atividades de lazer. Por isso, é importante responsabilizar a empresa pelos seus efluentes, utilizando as leis de crimes ambientais (Lei 9.605).

🌎 O homem pode ficar quase 30 dias sem comer, mas apenas 3 dias sem água. A água é vital.

🌎 A humanidade tem-se iludido, pensando que a escassez resulta de problemas temporários de distribuição, mas, na realidade, os locais-chave não estão sendo abastecidos.

🌎 Quantidade não é sinônimo de qualidade. A ilusão da abundância tem mascarado a realidade de que a água de boa qualidade está cada dia mais escassa.

Agindo de forma incansável, mas incapacitado de interferir na conclusão dos pensamentos sobre os acontecimentos aqui registrados, por intermédio das pessoas que poderão ter acesso e estar instrumentalizadas para promover variações no curso dos acontecimentos, aguardo com inquietude em meu espírito um desenrolar satisfatório para todos os filhos da Terra.

> *"Os pensamentos são nossos, a(s) conclusão(ões)*
> *não nos(me) pertence(em)."*
> (William Shakespeare.)

CAPÍTULO 1

A Origem da Água e a Dessacralização da Natureza

Várias foram as teorias formuladas para explicar de modo satisfatório a abundância de água nesse Planeta, cujo nome paradoxal é Terra. Uma delas foi estabelecida por Aleksandr Oparin e por J. B. S. Haldane. Segundo essa hipótese, moléculas orgânicas complexas teriam sido formadas a partir de moléculas simples, nas condições da Terra primitiva, antes do aparecimento dos seres vivos. As moléculas orgânicas obviamente são importantes nesse cenário, pois foi a partir delas que toda a vida no Planeta surgiu, seja anaeróbica (facultativa ou não) ou aeróbica. Porém, nesse estudo em particular, será "a inorgânica água" que merecerá atenção especial, sendo apontada como a grande protagonista na trama do surgimento da vida e posteriormente na sua manutenção. Oparin, um cientista russo, não teve como testar sua teoria, a qual demonstrou que o Planeta passou por uma série de processos até a água conseguir reduzir a temperatura da superfície do Planeta ainda muito primitivo, e que, ao se resfriar, formou a crosta. Foi Miller quem conseguiu mostrar a genialidade desse homem em especial. A crosta, como bem sabemos, foi de vital importância para que pudéssemos sobreviver no Planeta, pois é sobre ela que desenvolvemos nossas cidades por todo o globo.

Lembro-me de um grande mestre e amigo que fazia questão de frisar que o nosso surgimento no Planeta sempre esteve na dependência do aparecimento da água e que todo esse teatro de acontecimentos reuniu especialmente nesse Planeta as condições ideais para isso. Essa informação, ou melhor, a massificação de tal idéia, ficou como marca indelével em minha mente. A NASA nos ajuda para que finalmente então possamos ter uma boa noção dos acontecimentos que culminaram com o aparecimento da água. Os especialistas – não coloco nenhum em evidência para não desmerecer o esforço que cada um deve ter empreendido – relatam que na nossa querida Terra, hoje tão diferente da primitiva, exalava para a atmosfera, e escapava para o espaço, um gás que hoje já não temos na mistura que respiramos – o hidrogênio. Ele, por ser extremamente leve, escapava para o espaço e lá encontrava uma substância, um ânion na realidade, de nome incomum, que, quando em contato, formava a nossa água, como a conhecemos até hoje (uma das teorias). Esse nome tão incomum, que hoje já aparece nas revistas, nos jornais e principalmente na Internet, é conhecido como "*masers de hidroxila*". A teoria do Big-Bang corrobora a idéia, pois reza que o mesmo hidrogênio estava presente na formação de outros mundos e até de outras galáxias.

Ou seja, trazendo para termos mais usuais, esse hidrogênio possui antecedentes. Uma vez já apresentados a esse maravilhoso evento, segundo aquele meu sábio mestre, a conspiração apenas estava começando. Depois que a água estava em condições para abrigar a vida, e que, segundo o brilhante Oparin, muitas outras substâncias já se encontravam envolvidas e solvidas com suas moléculas, começou então o surgimento da vida. Essa vida ainda não era complexa como a nossa – tinha a simplicidade de um começo frágil, pois, guardando-se as proporções, era um diminuto ensaio da sábia Natureza e suas artimanhas para, segundo eu acredito, poder posteriormente produzir o seu teste maior: a criação e as condições necessárias para o homem – macacos engenhosos, ganhadores da loteria da seleção natural darwiniana – aparecer sobre a Terra em condições de longevidade. Antes de prosseguirmos, admita que o sistema imita outros, a fim de que, principiando por coisas mais simples, possa atingir seu objetivo maior. Uma criança, mesmo que desde tenra idade já tenha seus objetivos mais ou menos traçados, não se senta em um banco de faculdade. Ela precisa começar com fatos e informações mais elementares e, com a soma das experiências, conseguir galgar os estágios até, como dito anteriormente, culminar em seu desejo maior, seja a profissão querida, um projeto realizado, a satisfação pessoal ou outra coisa que possamos imaginar. Veja na prática o que quero estabelecer: com a água, a Terra conseguiu sair daquele estágio sem vida, abiótico, começando a ensaiar suas formas de vida. Mudanças profundas acontecem, devido ao estabelecimento das correntes marinhas, o ciclo das chuvas e o grande ciclo da vida, proporcionado pela água, o sangue da Terra. Lembra-se das aulas, quando aprendeu que a vida nasceu da água e que posteriormente as espécies foram sofrendo modificações e ganhando a terra, a água e o ar? Na realidade, a água é nosso ciclo perpétuo, pois a consumimos seja na alimentação, seja através de sua ingestão para saciarmos a sede. Até mesmo os animais que terminaram seu estágio de vida e que voltaram a ser abióticos devolveram essa mesma água. Depois que todas as espécies foram estabelecidas na face da Terra, passamos a ser um só, pois a base de tudo é esse líquido comum a todos nós. Estamos inexoravelmente interligados por ela, a nossa fonte de vida.

A água tinha, até há bem pouco tempo, o caráter de bem infinito, e, por causa dessa distorcida visão, verdadeiras atrocidades foram cometidas. Obviamente você deve ter ouvido algum familiar seu comentar sob as condições de maior conforto que usufruíam, devido à qualidade superior dos bens, para a manutenção da vida. Porém, também teve a oportunidade de verificar que esses que narraram sobre essa qualidade superior já tinham perdido para as pessoas que as antecederam. Logicamente que, retrocedendo no tempo, as coisas não vão sofrer uma melhora contínua, pois, com o conhecimento acumulado, o homem, inegavelmente, pôde melhorar inúmeros aspectos de sua existência. Pois é nessa interseção do tempo que quero retornar, e então poder mostrar, através de analogias simples, o desfecho que vislumbramos hoje, sobre uma observação com alguns dados que serão de extrema valia.

A Natureza já foi considerada sacra pelo homem, ou seja, santa. Era considerada a Mãe Natureza, onde o homem só retirava o necessário, sendo sua intervenção de forma branda. A conseqüência disso, principalmente para a inigualável água, foi que seu curso e suas características se mantiveram preservados. A política e a falta de visão holística de muitos que foram modelos para nossa sociedade, até mesmo atualmente, vislumbrando o que poderiam retirar dela em forma de bens, começaram a imprimir uma nova forma de expectativa – a primazia do privado e do lucro. Antes dessa época, não víamos rios inteiros e mares fechados pelo Planeta decretarem falência de seus sistemas, e, o que é pior, nos levar de reboque, para um profundo "buraco", do qual não sabemos se teremos condições de sair. Antes de dar prosseguimento, é importante ressaltar uma máxima, para que, a partir daí, possamos estabelecer analogias mais conclusivas quanto à água em nossos dias. Gostaria que tivessem em suas mentes que, sem água, não há a menor possibilidade de sucesso nas pretensões humanas, como também para os representantes nos demais reinos. Toda a água que vislumbramos nos lagos, lagoas, mares, rios, cachoeiras são as mesmas desde as eras geológicas quando de sua formação. Em outras palavras que expressam essa triste e real situação é que: "*Não nasce água do nada.*" Portanto, um incremento, mesmo que exíguo, está fora de cogitação. Nossa ação, então, passa a ser de protetores desse bem insubstituível, evitando sua alienação.

O problema com a água – existe um problema com a água – é que não se está produzindo mais água. Não se está produzindo menos, observe, mas também não se está produzindo mais – hoje existe a mesma quantidade de água no Planeta que existia na pré-história, alegação registrada em *O Futuro da Vida* (sob essa alegação, no Capítulo 5, faço uma colocação, considerando os produtos provenientes da combustão completa dos hidrocarbonetos).

Ainda hoje, tempos modernos em sua mais alta concepção, no que se refere ao desperdício e ao exacerbado e insano jeito poluidor do *Homo sapiens sapiens* (*demens*?), conseguimos, de forma esfuziante, assim como numa "visão", observar verdadeiros santuários aquáticos, *in natura*, onde a beleza contrastante com a Natureza a alguns metros dali nos deixa extasiados – vide aqüíferos em grutas. O que aconteceu ao equilíbrio entre o homem e a Natureza? Hoje tecemos várias teorias, onde muitos pensadores gregos recebem o espúrio da culpa. Dizem os relatos: "Dessacralizamos a Natureza a fim de explorá-la para saciar as nossas necessidades, impulsionados por uma economia ainda camuflada, mas potencialmente emergente." Assim sendo, os gregos não podiam absorver tal culpa pelo fato de afetarmos o meio ambiente. Ora, não foram eles que tabularam um modelo mecânico da Natureza fria e cujo funcionamento assemelha-se às rodas dentadas de um relógio? A Natureza não funciona assim. Surgiram outros pensadores, ainda na Europa, mas não especificamente na Grécia. Vamos achar os franceses em nosso caminho: René Descartes, cujo modelo utilizamos de forma vexatória para desculpar nossas mazelas até hoje. Nós o rotulamos como "modelo cartesiano". Tal modelo é visto como um mal necessário para a época, onde a Natureza é parte integrante de um cálculo matemático abiótico, sem o calor das vidas que se inter-relacionam nesse gigantesco biossistema.

Mas não paramos por aí. Surge a genialidade de Sir Isaac Newton, que, baseado nas idéias de Descartes, sintetiza um dos maiores avanços matemáticos, que no entanto, vê os processos da natureza de forma mecanicista. Essa visão mecânica continua sendo endossada e tais modelos são implementados no âmago da sociedade, por acharmos que seria o modo mais sensato de progredir. Porém, não notávamos até então que essa forma fragmentada de ver o "todo" era algo que não mais se constituía em informações inerentes à escalada do desenvolvimento sustentável; essa visão não era holística. Focávamos apenas o progresso, de uma forma tão tola e absurda que muitos estudiosos, hoje, a caracterizam como um devaneio.

Mas, finalmente, chegamos ao modelo judaico-cristão, que expurga de forma irrevogável o homem do contexto de coexistência com a Natureza. Isso se dá com a introdução da crença religiosa de que somos a imagem e a semelhança de Deus, a forma masculina. Ao incorporarmos tal informação ao nosso sistema de valores, somos rechaçados do grupo dos animais (irracionais), vegetais e minerais (sistema trifásico incompleto) e impelidos a assumir uma posição hierárquica bem próxima a Deus. Em Gênesis 1:26 está escrito que tudo na Terra deverá ficar em sujeição ao homem – dessa forma o antropocentrismo é iniciado. Com esse modelo rompemos com a Natureza e começamos a usurpar suas primícias, de forma cabal e não-sustentável.

Esse sistema mecanicista de observação sobre todos os bens da Terra cria um conjunto de irregularidades de percepção ao lidar com ela e, inserido nesse contexto, está meu objeto de estudo, que é a água. Antes, porém, gostaria de convidar a uma franca avaliação do que tem sido feito para melhorar as condições gerais, seja na escola, no trabalho ou na comunidade onde residimos. Gostaria de reavivar a memória quanto aos encalistramentos que ocorreram desde os pensadores gregos até nossos dias. Vamos incorrer no mesmo erro e fingir que não há nada de errado, alimentando a famigerada idéia de que os bens naturais são ilimitados? Ou, ainda, a pior colocação, em que se lê em certas obras, com um cinismo quase palpável, como uma desculpa: "O homem faz intervenções sempre de caráter venéfico à Terra devido a ela não pertencer"?

A mensagem contida nas duas últimas frases do texto acima aponta de forma clara que o homem possui índole destrutiva. Seja em sociedades ditas evoluídas ou nas classificadas como arcaicas. Mesmo nas que sacralizavam a Natureza, retirando dela apenas alíquotas para se manterem, os historiadores em seus estudos apontam como desastrosa a interferência humana.

Na posição defendida que particularmente acredito ser uma inflexibilidade analítica, o *Homo sapiens* é visto como uma espécie de doença. Até mesmo o termo *lupus* é ventilado, como se o homem fosse uma doença que agride seu próprio organismo. No meu cético entender, para o autor da frase não há uma saída para a Natureza sem ser prejudicial, tendo o *Homo sapiens* como co-habitante.

O que posso dar como explicação é que os sistemas antropoculturais não foram suficientes para "reduzir a instintiva destruição" que a sociedade humana provoca no âmago da Terra. Caso o fossem, haveria uma interação realmente abrangente entre homem e Natureza, o que, pelo menos, minimizaria esses impactos. As necessidades são de igual forma sentidas pelos homens que instituíram os sistemas e pelos homens comuns, que jamais tiveram participação ativa na elaboração desses, mas, de certa forma, todos carregam em si o binômio causa e conseqüência. Tudo indica que o homem realmente segue para um ponto em que suas considerações sobre si e o meio – que, em uma análise profunda, é um mesmo indivíduo – deverão ser investigadas pela ótica das interações que os sistemas realizam entre si, ou seja, uma interdependência. Assim, para entendermos certos mecanismos, estamos lançando mão da interdisciplinaridade. O homem é um híbrido, assim como a Natureza também o é. Os mesmos átomos que constituíram moléculas que pertenceram a um dinossauro na era mesozóica podem estar hoje participando de algumas interações no corpo de algum primata no cenozóico. É a esse caráter bioenergético que me refiro.

Ou será que o homem não pertence à Terra, o que ficou caracterizado com o fim do incesto? – o homem não mais considera a Natureza como Mãe. Talvez seja por isso que ele mesmo, sem querer, não saiba como interferir na Natureza sem lhe causar desequilíbrios.

Já que estamos desenvolvendo uma análise, embora que possivelmente carente de informações conclusivas, visto não existirem verdades absolutas, acredito que, por mais que sejamos cautelosos em cuidar do meio ambiente e continuemos nossa busca pela sociedade realmente estável, no que concerne ao bem-estar total, sempre de alguma forma nós a agrediremos, tendo em vista que temos de transformá-la para retirarmos dela algo na forma não-disponível quando *in natura*.

Em contrapartida a essa hipótese, lembremos que a Terra já sofreu vários momentos de extinção em massa sem que as causas fossem antrópicas, como as glaciações e os acidentes naturais que dizimaram os dinossauros, por exemplo.

O assunto que acabamos de considerar, mesmo que esmiuçado, apresenta uma certa complexidade, pois incorpora considerações filosóficas que são inerentes ao estudo ambiental que alguns praticam. Sendo assim, vale a pena evidenciar a cronologia dos acontecimentos dos processos que desencadearam a dessacralização e, poder observar as agressões sobre a água e sobre alguns modelos que podemos utilizar para nos garantir sobre a superfície do Planeta.

Instauração do Monoteísmo – Primeira Etapa

As várias divindades, muitas delas atribuídas à Natureza, foram destituídas e surgiu o monoteísmo, que é a crença em um só Deus. Alguns exemplos que posso citar são o judaísmo, o catolicismo e o budismo. Muitas vezes a fé, baseada na leitura da Bíblia, deu embasamento para que o homem utilizasse a Natureza de forma cabal. Em Gênesis I, capítulos 26 a 30, está escrito o seguinte: "E Deus abençoou-os e disse-lhes: Frutificai, multiplicai-vos, enchei a terra e subjugai-a; dominai sobre os peixes do mar, as aves do céu e todos os animais que rastejam sobre a terra." Era uma mensagem expressa do Altíssimo, de que poderiam utilizar os bens que a Terra lhes dava. Houve também no Egito um Faraó que substituiu as várias divindades por Aton, deus-sol. Tal prática foi descontinuada após sua morte. Destacamos também as intolerâncias religiosas, a tricotomia Deus-homem-Natureza, na qual o homem estava sob a tutela divina, mas se encontrava hierarquicamente superior à Natureza. Com uma mudança de gênero (o Deus = masculino), o prestígio feminino da Mãe Natureza termina. Há a passagem bíblica em que Adão foi expulso do paraíso, denotando que o homem não pode se ligar à terra. E, por último, a eliminação do estado natural do ser humano, onde coisas básicas e intrínsecas ao ser humano são consideradas como pecados.

Filosofia Grega Pré-Socrática – Segunda Etapa

Substituição da consciência mítica pela consciência crítica. O homem começava a questionar sobre ele e tudo que o rodeava, principalmente a Natureza, que era uma fonte "inesgotável" para edificações, provisionamentos, para a guerra, vestimenta e muito mais.

Com isso, houve uma consolidação do movimento de dessacralização da Natureza. Era preciso não mais considerá-la sagrada para poder utilizá-la de forma plena. Surge a visão da Natureza como objeto. Esse período foi de 500 a.C. a 300 a.C. Com o surgimento dos pensadores, começavam, então, as avaliações sem pudores sacros pelo homem, sua missão, a Natureza e os elementos que a compunham. Nessa etapa, surge também o movimento cartesiano pré-Descartes.

Revolução Científica - Terceira Etapa

Nessa fase há finalmente a consolidação da visão da Natureza como objeto. A ciência começa a ser utilizada como ferramenta para conhecer racionalmente a Natureza. Os paradigmas são o antropocentrismo, o racionalismo, o mecanicismo e o cartesianismo. Tais paradigmas para a época foram úteis como impulsionamento da ciência, tendo o homem como o centro de tudo. Hoje, porém, se constituíram em um legado altamente negativo, sem as devidas correções nas suas leis. Nesse período, também, surgem equipamentos que, somados à inteligência humana, renderam frutos e alternativas para o aumento da sua compreensão. Tais equipamentos foram o telescópio, o microscópio, a bússola, a balança de precisão etc.

Outros nomes surgem nessa corrente: Copérnico, Galileu Galilei, Francis Bacon, René Descartes, Sir Isaac Newton e John Dalton. Uma contribuição astuta de Copérnico foi tirar a Terra como centro do Universo baseado no heliocentrismo. Mas demonstra o grande conhecimento do homem pela razão, recolocando o antropocentrismo novamente em voga. Galileu demonstrou a grande capacidade humana de abstração nas ciências matemáticas. Já Bacon apostava *que até mesmo a tortura era válida para elucidar os segredos da Natureza*. Descartes, com seu método científico-analítico, acreditava que, para desvendar a problemática abordada, era preciso fragmentá-la. O método utilizado por ele era o mecanicista. Em sua célebre frase – "penso logo existo"– , realizava dicotomia entre corpo e mente. Ou seja, a mente separada do corpo, por isso o corpo é coberto, mas a cabeça pode estar descoberta. Ali reside a essência do homem. Newton foi outro adepto do mecanicismo, ao batizar uma de suas teorias de "Mecânica". Na Química, dentre outros conceitos, John Dalton descreveu o comportamento dos gases. Mais tarde, Clayperon e Wan der Wals assumiram tais estudos. Com a revolução científica, o homem já tinha em seu poder vários conhecimentos. A revolução industrial era evidente em pouco tempo.

Revolução Industrial – Quarta Etapa

Nessa etapa começam os impactos ambientais, pelo início da destruição da Natureza. Outro aspecto importante é o divórcio definitivo entre sociedade e Natureza. A tecnologia agora é de alta densidade, pesada, e vê a Natureza como "recurso natural". Os paradigmas dessa fase são a visão utilitarista de uma Natureza inesgotável (errado), o materialismo e o industrialismo. A máquina aparece como o apêndice do homem para aumentar o domínio sobre a Natureza, a alta produtividade. As fontes energéticas para mover a máquina não são mais apenas as biomassas (madeira, carvão etc.). Nessa fase, saímos do reducionismo para o holismo, o que, no entanto, não se apresenta abrangente. A visão parcial dá lugar à visão global.

Corrida Desenvolvimentista – Quinta Etapa

Nessa etapa, evidenciamos a trajetória civilizatória "evolucionista" das sociedades tradicionais (atrasadas) para as modernas (avançadas). O crescimento econômico está diretamente proporcional à destruição do meio ambiente. É instaurada a luta ecologia *versus* economia. Os paradigmas dessa época são o progresso, o economicismo e o urbanismo. Os paradigmas aqui representados tendem a aniquilar a Natureza. Aí está o maior paradigma.

Revolução Tecnológica – Sexta Etapa

Nessa etapa, a transformação da Natureza já não é mais o suficiente, mas é marcada pela insatisfação dos "recursos naturais". A reforma da Natureza se dá através da fusão do natural com o artificial. Desenvolve-se nesse período também a tecnologia para transformar a Natureza. Os apetrechos dessa etapa são: engenharia genética, cibernética, robótica, realidade virtual, *tomagoshi* e melancia quadrada. A tecnologia para transformar a Natureza reside na engenharia genética, que muta genes para as necessidades emergentes, os implantes para melhorar os equipamentos sensoriais humanos, a inteligência artificial como modelo matemático e o controle dos impulsos. Melancia quadrada é apenas um capricho de uma sociedade que está fusionada entre o passado e o futuro que já é agora. Ou seja, essa melancia tem essa morfologia por simples funcionalidade em ambientes que se encaixam com esse novo *design*.

Somos tentados, através das experiências acumuladas até aqui, a nos indagar se processamos alguma modificação significativa, mesmo que de forma infinitesimal, nas atuais condições dos corpos hídricos e no consumo. Até mesmo faz parte do ser humano a predisposição de acusar o "outro", pois será uma pessoa incógnita o responsável por essas anomalias registradas.

Infelizmente, já aprendemos mais sobre o meio ambiente pelos erros dos gregos e de muitos pensadores. Porém, a perseguição irracional ao dinheiro parece cegar pessoas, que se mostram tão informadas e possuidoras de um invejável currículo. Será que se listarmos alguns problemas, apontando os erros de pessoas no passado, poderemos encarar os vários problemas e dizer que eles não mais existem? Quero crer.

O Manejo Racional da Água

A oferta de água vem se tornando cada vez mais diminuta à medida que a população, a indústria e a agricultura se expandem obrigatoriamente. Embora os usos da água possam variar de país para país, a agricultura é a atividade que notoriamente mais consome água. É possível refrear a diminuição das reservas locais de água de duas maneiras: *aumentando a captação*, represando-se rios, o que irá provocar impactos ambientais se não houver EIA/RIMA, ou consumindo-se o capital, "minando-se" os aqüíferos, podendo se conservar as reservas já exploradas, aumentando a eficiência na irrigação, ou importando alimentos em maior escala, prática que não se aplica efetivamente ao BRASIL – estratégia que pode ser necessária para alguns países, a fim de se reduzir o consumo de água na agricultura (China).

Assegurar apenas a quantidade de água necessária não basta. É preciso se concentrar na manutenção de sua qualidade. Inúmeros lagos estão atualmente sujeitos à acidificação ou à eutrofização – processo pelo qual grandes aportes de nutrientes, particularmente fosfatos, levam ao crescimento excessivo de algas. Quando esses organismos terminam esse ciclo de vida, sua degradação microbiológica demanda boa parte do oxigênio dissolvido na água, o que degenera as condições para a vida aquática.

Embora a poluição dos lagos e dos rios possa ser mitigada, o mesmo já não acontece com os aqüíferos. Como a água subterrânea não tem acesso ao oxigênio atmosférico, sua capacidade de purificação é muito reduzida, pois o trabalho de degradação microbiológica demanda oxigênio. A solução para esse problema reside em se evitar a contaminação.

Por sua vez, a capacidade de se recuperar a qualidade da água dos oceanos é sem sombra de dúvidas mais difícil do que as anteriores.

Sendo assim, expectativas socioeconômicas devem estar *pari passu* com as ambientais, para que os centros humanos, os de produção de energia (vide ressurgência), as indústrias, a agricultura, os centros florestais, da pesca e da vida silvestre possam continuar. Nem sempre o fato de existirem interesses antagônicos variados significa que devam ser conflitantes. Por exemplo, controle de desmatamento anda junto com reflorestamento, prevenção de enchentes e conservação da água.

Aumentar a quantidade de água não encerra em si o problema, mas um planejamento no uso desses recursos seria mais correto.

O que poderá ocorrer com o tempo é caminharmos inexoravelmente para uma crise no abastecimento.

Para alguns países, aumentar a eficiência parece ser a única solução, às vezes. A irrigação pode ser, e geralmente é, terrivelmente ineficiente. Como média mundial, 40% de toda a água usada na irrigação são absorvidos pela plantação; 60% tendem à perda. Um dos problemas pela inconveniente irrigação excessiva é a salinização (vide alguns mares fechados e lagos). À medida que a água se evapora ou é interiorizada no metabolismo das plantas, uma quantidade de sal se deposita e se acumula no solo.

A captação de aqüíferos, que são reservas importantes e estratégicas, sejam eles dinâmicos ou não para aumentar o fornecimento, deveria ser evitada a todo custo – a menos que se garanta que o aqüífero de onde se tira a água será reabastecido. Como a água abaixo do nível do solo se mantém fora do alcance de nossas vistas, pode se tornar poluída gradualmente ou abruptamente sem que o clamor público seja exercido, até que seja tarde demais para reverter o dano causado pela poluição.

"A introdução de programas de prevenção de poluição é preferível à utilização de técnicas para a remoção dos contaminantes em água poluída, uma vez que a tecnologia de purificação é cara e complexa à medida que o número de contaminantes cresce.

Em paralelo a tudo isso, existe a necessidade de se fazer mais pesquisa sobre a hidrosfera, com estudos sobre a ecologia e a toxicologia da vida marinha; sobre o ciclo hidrológico e os fluxos entre seus compartimentos; sobre a extensão das reservas subterrâneas e sua contaminação; sobre as interações entre clima e ciclo hidrológico.

Predizer o que pode acontecer se medidas rigorosas não forem implementadas no manejo dos recursos hídricos é fácil. Rios que viraram esgotos, lagos que se tornaram fossas... Não vimos isso acontecer? Pessoas morrem por beber água contaminada, a poluição sendo carregada para o mar ao longo das praias, peixes envenenados por metais pesados e a vida silvestre sendo destruída... A política do *laissez-faire* com relação ao manejo da água só pode conjurar mais desgraças desse tipo – e em escala maior.

Mas temos esperança de que o reconhecimento desse fato vai estimular o governo e os povos à ação" (*site* de recursos hídricos).

CAPÍTULO 2

Água - Benefício ou Problema?

Particularmente, entendo que a água é o maior bem que possuímos para assegurar nossa sobrevivência e a manutenção dos nossos planejamentos com vistas ao futuro. Apesar de nossa biologia nos enquadrar na terra, nossa dependência é evidente. Tanto o é que nossa constituição corpórea está acima dos 70%. A agricultura de subsistência ou a de alta produção estão sob o jugo da irrigação eficiente. A nossa dependência não se caracteriza somente pela água doce, mas também pelas águas oceânicas que estão diretamente relacionadas com o controle da temperatura pelo globo, como também dos pescados que advêm dos mares pelo mundo. A abundância ou a carência desse bem com características ímpares podem decretar a sobrevivência e a dominação sobre outras nações ou ainda colocar outras emperradas em seu desenvolvimento. Devido a esses fatores apresentados inicialmente, a água será um assunto de extrema importância a ser discutido. Em vista disso, merece um enfoque especial.

Poderia começar as considerações por tantos ramos que envolvem o tema ÁGUA, mas darei preferência aos problemas geopolíticos que são deflagrados pelo controle de corpos hídricos. Um bom exemplo, embora no passado, foi a dominação egípcia durante um grande período de tempo.

O Nilo, o Nahal ou o vale do rio, no velho idioma semítico, é o mais longo rio do Planeta, correndo ao longo de 6.800 quilômetros, através de 30° latitude Norte. Há, na realidade, dois Nilos: o Azul e o Branco. O Branco, com seus muitos braços, o levará aos pântanos do Sudd (massa de matéria flutuante que impede a navegação no Nilo Branco). Mas o que nos interessa diretamente é o Azul, que o irá levar para dentro da Etiópia, cuja cultura retrocede até o tempo do rei Salomão, o sábio rei dos judeus. É o alagamento anual das terras altas que escoa para o Nilo e que resulta nos depósitos de sedimentos no delta que possibilitou a fecundidade da civilização egípcia. Com a fecundidade das terras graças ao Nilo, o Egito foi próspero e dominou, pois sua sociedade bem nutrida se desenvolveu por todas as atividades humanas e ainda pôde comercializar o excedente dos víveres (vide história de José na Bíblia).

Um outro exemplo de como, no cenário mundial, a água está se tornando, aos poucos, um bem mais importante do que o próprio petróleo são as disputas militares para obtê-la. "E como quase metade da água já é captada, desviada ou pré-drenada de seus vizinhos, por que parar por aí? Afinal, Moshe Dayan, o ministro da Defesa israelense durante a guerra de 1967, e um notório falcão de guerra, afirmou que Israel tinha conseguido 'fronteiras' provisoriamente satisfatórias, com exceção daquelas mantidas com o Líbano. É difícil saber até que ponto a água motivou Israel a invadir o Líbano em 1978 e novamente em 1982 e a manter lá a sua zona de segurança. A razão alegada foi a necessidade israelense de controlar bases terroristas e de guerrilhas no Líbano, mas a água sem dúvida também desempenhou um papel importante." Desvios de rios importantes também estão registrados, o que demonstra que a água pode deflagrar guerras.

Qual o sentimento que devemos ter a respeito de nossas reservas hídricas em relação a nações que são militarmente mais poderosas e, assim como o petróleo, possam, de forma imperialista, tentar dominar a qualquer preço? A pergunta em questão nos coloca em uma posição delicada, parecendo sair do assunto central que é a preservação da água, mas, não. Os homens também estão inseridos no meio ambiente e uma agressão a nós, seres humanos, também se caracteriza em uma lesão contra este. Nós, aqui no Brasil, também sofremos com essa interferência estrangeira. Tal alegação é inquietante, mas as próprias Forças Armadas estão preocupadas com o desenrolar de certas alegações de fora de nossas fronteiras.

Não é à toa que os dirigentes sérios tendem a ficar atônitos e preocupados, pois a crescente escassez de água não está só ligada diretamente à sua utilização como material de sobrevivência direta na dessedentação, mas também como controladora de produção de bens agrícolas, o que pode originar uma sublevação, impelindo as bolsas pelo mundo à quebra e posteriormente ao colapso.

Quero abordar uma questão muito delicada sobre a problemática que envolve o assunto *água*, ainda dentro de uma visão geopolítica, pedindo que acompanhe atentamente o que poderá ter como saldo, para todas as etnias do Planeta, o que está ocorrendo na China. O que pode um país asiático que está a milhares de quilômetros nos influenciar? Como bem sabemos, a China é atualmente o país mais populoso do Planeta, recorde esse que poderá ser quebrado pela Índia, fenômeno demográfico que vem sendo registrado a cada ano após as monções, cujos rebentos são denominados "filhos da chuva". Uma relação que posso estabelecer para que possamos entender, até mesmo de forma mais descontraída, o porquê desse pico demográfico é a incapacidade de os pais saírem mais amiúde, devido à grande quantidade de água que impede sua locomoção, forçando-os a permanecer em suas casas. Uma frase que bem denota o fenômeno aqui no Brasil é a pergunta: "Vocês não têm TV em casa?" Bem, voltemos ao problema chinês.

A China, com seus mais de 1,2 bilhão de pessoas, tem problemas sérios de irrigação, em áreas cultiváveis, e a necessidade de contar sempre com safras recordes. Para satisfazer essa necessidade, o governo chinês vem desenvolvendo um projeto denominado "Três Gargantas", no Yang-Tsé, com vistas à elucidação dos problemas apresentados. Por que a China está ficando sem água? A resposta em tese é a mesma para o resto do mundo: não está teoricamente ficando sem água. A água está faltando nos lugares onde é mais necessária. É um problema de alocação, oferta e administração. Os chineses vivem um dilema: três quartos da água estão no sul e três quartos da agricultura estão no norte e nordeste. O sul inclui o Yang-Tsé e tem cerca de 700 milhões de pessoas. O norte, muito mais seco, tem uma população de cerca de 500 milhões de habitantes. Na realidade, o projeto "Três Gargantas" é uma barragem, e a monumental quantidade de água localizada em um determinado ponto pode afetar o Planeta como um todo na sua rotação. A China depende fortemente de irrigação de água dos lençóis subterrâneos e grandes rios. "A partir do ano de 1972, o canal do rio Huang-Ho tem secado quase todo o ano no trecho que atravessa a província de Shandong até a capital, Jinan, e daí até o mar. Em 1997, o rio parou de correr por 130 dias, recomeçou e depois parou de novo, permanecendo seco por um período recorde de 226 dias. Como a província Shandong normalmente produz 1/5 do trigo da China e 1/7 do milho, a quebra da safra na região pode ter conseqüências catastróficas. As perdas chegaram a 1,7 bilhão de dólares de prejuízo. A China, por não ter uma saída, se transformou em uma grande ilha, e é obrigada a remanejar constantemente os seus recursos hídricos para controlar sua escassez e o aumento no volume dos rios que causam inundações" (*O Ouro Azul*, de Barlow e Clarke). Essas discrepâncias são oriundas de sistemas implantados sem visão holística que causaram poluição, mudança de clima e precipitação das chuvas sazonais, como ocorreu no *rain-belt* do Sahel na África, devido ao aumento da poluição dos Estados Unidos e da Europa, sendo inobservado o Princípio da Responsabilidade Diferenciada, o mesmo que Bush desconsiderou em outro episódio envolvendo a emissão de CO_2 (gás carbônico). O que vemos hoje em alguns países africanos é a miséria e a fome. Os africanos não impactaram a economia mundial, mas, quando o assunto é a China, os planejadores perdem o sono, antevendo os problemas que podem sobrevir caso este país não diminua ou estabilize sua população, pois, se continuar nessa frenética marcha, poderá modificar os parâmetros atuais da economia. A China, ainda hoje, é vista como uma excelente oportunidade de negócios. Em função do exposto, suscitou o interesse brasileiro nesse mercado tão promissor. "De acordo com o relatório para o Conselho Nacional de Inteligência, a China teria possivelmente que recorrer aos cinco grandes exportadores de cereais: Estados Unidos, Canadá, Argentina, Austrália e União Européia. Acontece que as exportações desses países, depois de aumentarem consideravelmente nas décadas de 60 e 70, estagnaram nos níveis atuais a partir da década de 80" (*O Ouro Azul*, de Barlow e Clarke).

Os problemas da agricultura são complicados na China porque, em maior ou em menor grau, afetam todos os países do mundo. À medida que o país se industrializa, a renda *per capita* aumenta e a população começa a consumir uma quantidade maior de alimentos. Além disso, o consumo de carne e derivados do leite tende a aumentar, o que favorece economicamente o Brasil. "Como a quantidade de calorias fornecidas por quilograma de cereais é menor quando esses são usados para alimentar vacas e galinhas em vez de serem consumidos diretamente pela população, o consumo *per capita* aumenta ainda mais. Enquanto isso, o suprimento de água permanece praticamente o mesmo. Em um mercado livre, o uso da água para fins agrícolas perde a competição com o uso para fins industriais. Mil toneladas de água doce podem produzir uma tonelada de trigo, no valor de 200 dólares, enquanto a mesma quantidade na indústria se traduziria em produtos no valor de 14 mil dólares" (*O Ouro Azul*, de Barlow e Clarke, e *Água*, de Marq De Villiers). Através dessa informação, podemos ver a necessidade de água, limpa, para que os alimentos possam chegar até as nossas mesas.

Teoricamente, um país industrializado em boa situação financeira não precisa ser independente no setor agrícola. A China poderia suprir a escassez de cereais comprando os excedentes da produção dos cinco grandes. Infelizmente, sua população é grande demais e os excedentes mundiais não são suficientes para atendê-la sem alterar o mercado mundial. Na verdade, a China parece destinada a inflacionar o preço dos cereais no mercado internacional, sublevando as bolsas pelo mundo, tornando mais difícil para os países em desenvolvimento atender às próprias necessidades. No momento, os preços dos cereais estão em baixa, mas a situação deverá se inverter quando a população mundial chegar a 8 bilhões ou mais (já passamos da casa dos 6 bilhões). "A solução do problema – afirmam os especialistas – não está apenas na irrigação. Uma das medidas possíveis seria produzir menos cereais e mais frutas e legumes, que, por serem culturas mais intensivas de mão-de-obra, tornariam a agricultura chinesa mais competitiva. Outras medidas seriam a adoção de uma política severa de conservação de água nos domicílios e nas indústrias, o uso de irrigação por aspersores e gotejadores em lugar dos métodos tradicionais de valas e canais, e a privatização da terra, com subsídios e liberação dos preços, para estimular os agricultores a adotar práticas de conservação" (dados fornecidos por Edgard Wilson).

Entre os indicadores mais expressivos está a poluição das águas. A China tem ao todo 50 mil quilômetros de rios importantes. Destes, segundo a Organização de Alimentos e Agricultura dos Estados Unidos, 80% já não possuem peixes, um verdadeiro opróbrio contra os osteíctes. O rio Huang-Ho está morto na maior parte de seu curso, tão carregado de cromo, cádmio e outras substâncias tóxicas provenientes de refinarias de petróleo, fábricas de papel (vide desastre ecológico promovido pela Cataguazes em Minas Gerais) e de produtos químicos, tornando a água imprópria para consumo humano e irrigação. Doenças causadas pela poluição bacteriana e por produtos tóxicos se tornaram endêmicas. Um exemplo das ações bacterianas de importância médica que envolvem a qualidade da água é o microrganismo denominado *Heliobacter pylori*, que causa desde desconforto gástrico até o câncer. "Segundo a

Administração do Ministério de Agricultura da China, o governo chinês está tomando várias medidas para ajudar peixes, aves e animais aquáticos raros que vivem na região das Três Gargantas do rio Yang-Tsé a se adaptarem à mudança ambiental da água, após o término da obra da hidrelétrica, a fim de garantir a comunidade das espécies. A construção da barragem das Três Gargantas mudou a velocidade da corrente, e a temperatura e a qualidade da água reduzirão provavelmente a área do *habitat* fluvial de alguns animais aquáticos raros, como o golfinho branco e o esturjão chinês. Nesse caso, o departamento regional está tomando as medidas de proteção necessárias, como a reprodução artificial, a liberação de alevinos e o estabelecimento de novas áreas de proteção ambiental. Até agora, no rio Yang-Tsé, foram criados 10 parques de proteção de animais aquáticos." Quais são os motivos que levaram o mundo a produzir tantas substâncias letais ou potencialmente perigosas? Depois de certas considerações que foram apresentadas, fica fácil poder indicar algumas ações que estão nos causando grande dano. Aqui no Brasil, momentaneamente, parece não haver problemas causados pela China; no entanto, os problemas apresentados não podem ser descaracterizados, pois essa possível faceta econômica pode inflacionar ainda mais nosso país, causando mais vicissitudes. Assim como na China, ou no território nacional, devemos usar a criatividade e a inventividade, reutilizando, além de outras, as águas dos edifícios nos grandes condomínios. Águas que já foram utilizadas nos edifícios, nas pias quando na lavagem dos alimentos, podem ser reutilizadas por meio de um tratamento relativamente simples que garanta sua característica como águas primárias, para dessedentação, por exemplo. As águas captadas pelos ralos, oriundas das lavagens dos autos e serviços de jardinagem, poderão ser reutilizadas como águas secundárias, para as mesmas lavagens, ou para descargas nos sanitários. Logicamente, isso demanda um projeto que nele se observe o respeito ambiental, compromissado com o bem-estar do todo, não premiando algumas classes sociais mais afortunadas, onde o consumo exacerbado e a carência de um sem-fim de indivíduos parecem não demovê-los de uma postura anti-humanitária.

Em um condomínio de médio porte, a instalação desse sistema ocuparia uma área de, no máximo, 50m^2. A seguir, apresentamos um corte de uma residência mostrando de modo pormenorizado a possibilidade de se aproveitar as águas que não são classificadas como esgoto, a fim de reutilizá-las. Como podemos observar, existe um ladrão que poderá ser ligado diretamente ao tanque de reprocessamento dos prédios para não haver perdas por um problema na bóia. O desenho ilustra muito bem que podemos separar os dutos que não pertencem ao banheiro, levando-os para o local apropriado à sua reutilização. Há projetos que não premiam tal segregação, comprometendo o tratamento a fim de reutilizarmos a água.

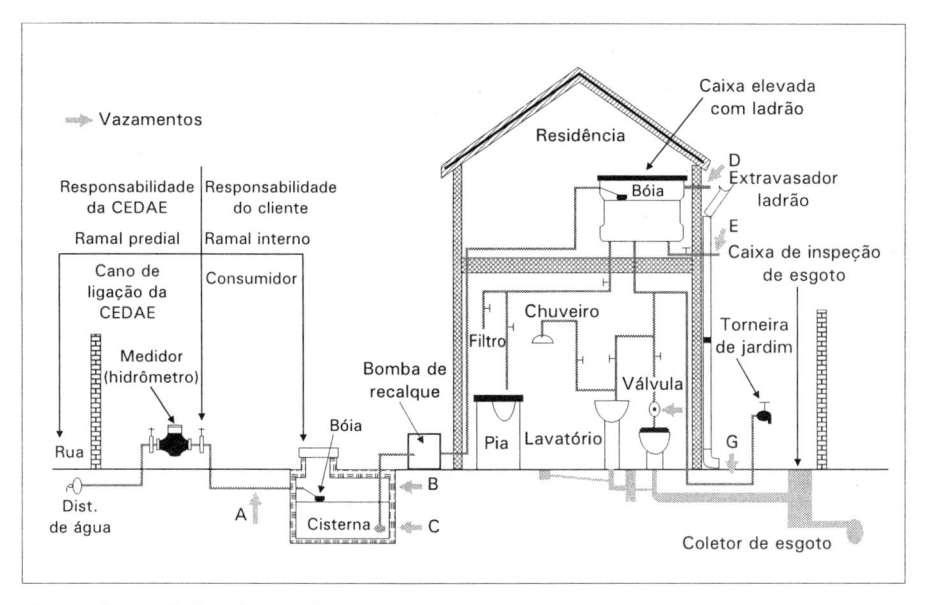

Corte frontal da planta de uma casa.

Na região sudeste brasileira, em um ou dois estados, há os denominados ecoedifícios que já contemplam tal visão, o que favorece uma maior longevidade na qualidade e na quantidade do volume de água de que dispomos.

"O uso racional dos recursos hídricos, com reciclagem da água, eliminação de desperdícios, reaproveitamento das águas servidas e das águas de chuva, gera economia de recursos, pois reduzimos o volume de água tratada e a demanda da mesma. Usualmente, o abastecimento público de água supera as demandas para alimentação, higiene, limpeza e irrigação (manutenção). Porém, com o conceito de sustentabilidade, surgiu o sistema de auto-abastecimento e reciclagem da água, que mapeia o ciclo da água dentro de um edifício, dividindo-o por graus de qualidade e tipos de consumo de água. O sistema permite conjugar o uso da água da rede pública ao uso da água reciclada (chuvas, rios e poços)." É preciso ter bem trabalhado o princípio dos 3 R's, não só permitindo a idéia de que somente a reciclagem pode nos safar de inúmeros infortúnios. Reciclar, reutilizar e reduzir – esse trinômio deve ser indissociável.

"As estratégias de separação e consumo são flexíveis e alteráveis, segundo a cultura, os hábitos, a função arquitetônica, o clima, a tecnologia, as necessidades de cada edifício e as peculiaridades do local." Cumprido um "primeiro ciclo", pode-se optar pela reintrodução da água na rede pública ou pela reutilização da mesma, respeitando-se o grau de pureza para consumo... A essas admoestações vale ressaltar a experiência de Roberto Sabatella em *Os Princípios do Ecoedifício*.

Hoje, estamos acostumados a ouvir que a população mundial está crescendo em níveis de explosão demográfica e, com isso, a Terra estaria pequena (isso não é verdade até o presente momento, com 6 bilhões de pessoas). Quando viajamos para o interior, podemos facilmente notar quilômetros e quilômetros de terras inabitadas. Então, o que acontece? É o êxodo rural. Como conseqüência, a vida, a sobrevivência, fica cada vez mais difícil, e a marginalidade cresce em progressão espantosa, enquanto as soluções são pífias. Para abrigar esse número imenso de famílias, os prédios, até hoje, têm-se mostrado o meio mais racional na utilização do espaço útil. Como conseqüência de a divisão do custeio das águas gastas não ser proporcional ao gasto por família, há um excedente considerável no gasto com a mesma, tanto em banhos demorados, como nas lavagens de carros e motos e no desperdício nas torneiras que circundam os prédios. A CEDAE, junto à Prefeitura e à Secretaria de Meio Ambiente, deve gerir um dossiê que cria a obrigatoriedade da construção de salas para tratamento e posterior reutilização das águas, sendo excluído desse processo o esgoto. Outro aspecto importante seria a proibição da lavagem de carros no interior dos condomínios. A água destinada ao consumo humano deve passar por um processo de potabilidade. Para tal, é submetida a uma complexa série de manipulações para garantir a ausência de partículas sólidas (filtração), inclusive em suspensão (filtros de carvão) e eliminar os microrganismos (cloração) antes da rechegada em nossos lares. Isso não seria nenhum projeto impossível de ser levado a cabo, visto, hoje em dia, muitos prédios já contarem com sistemas de tratamento de água de piscina. Com parcerias certas e sérias, o governo do Estado poderia franquear tais aparatos, com a conseqüente manutenção, o que resultaria em um bem maior para a sociedade como um todo.

Um esboço de um pequeno projeto que pode ser instalado em condomínios é corroborado com fatos históricos que apontam a utilização de muitos dos aparatos idênticos aos mencionados na esquematização à frente. Um deles é o clarificador (decantador) de águas $Al_2(SO_4)_3$. Outros são cascalhos ou areias e demais instrumentos para potabilização da água.

"Em artigos sobre a irrigação da Mesopotâmia, diversas obras relacionadas ao saneamento, como as galerias de esgotos construídas em Nippur, na Índia, por volta de 3750 a.C.; o abastecimento de água e as drenagens encontradas no Vale do Indo em 3200 a.C., onde muitas ruas e registros, além do desenvolvimento de passagens, possuíam canais de esgotos, cobertos por tijolos com aberturas para inspeção, e onde as casas eram dotadas de banheiras e privadas, lançando o efluente diretamente nesses canais; o uso de tubos de cobre como os do palácio do faraó Cheóps; a clarificação da água de abastecimento pelos egípcios em 2000 a.C., utilizando o sulfato de alumínio (o alumínio pode estar relacionado ao mal de Alzheimer). Nessa época, já existiam preocupações quanto ao uso da água e à transmissão de doenças a ela vinculadas. Documentos em sânscrito datados de 2000 a.C. aconselhavam o acondicionamento da água em vasos de cobre, a sua exposição ao sol e a filtragem através do carvão. Ou, ainda, pela imersão de barra de ferro aquecida, bem como o uso de areia e cascalho para filtração da água. Por volta de 1500 a.C., os egípcios utilizavam a decantação. Bem mais tarde, a partir de 450 a.C., poços artesianos eram escavados na busca por suprimento de água em regiões áridas."

Este sistema moderno, mas bem parecido com os de mais de 3 mil anos, é aplicável em diferentes escalas: edifícios, condomínios, bairros e, se estudado desde o desenho arquitetônico, permite variações, diferentes metodologias de controle, até com simplificação do sistema, a partir do mesmo princípio de reciclagem da água, sempre com os devidos cuidados em relação à sua depuração. Uma opção muito comum é somente o aproveitamento das águas pluviais para a manutenção de jardins, limpeza de automóveis e pisos.

Caso sejam usados sistemas de bombeamento, o ideal é que sejam ativados com energia elétrica fotovoltaica e o aquecimento da água mediante o uso de coletores solares.

Fique atento você, leitor. Caso conviva em um grande condomínio que gera um déficit significativo para a região, causando impactos, poderá se utilizar pelo menos das águas de chuva, e reduzir o consumo de água, principalmente nos meses mais quentes, onde a sazonalidade também favorece as precipitações.

Agora, deixando momentaneamente de lado o problema de condomínios e a suposta sublevação das bolsas pelo mundo, devido à possível escassez de víveres na China por conta da falta de água para uma irrigação eficiente, devo apresentar um problema que acontece com a qualidade da água que compramos nos supermercados, justamente para que, em teoria, pudéssemos ter acesso a um produto de primeira linha. O marketing e a propaganda são aliados perfeitos para nos persuadir, de forma sutil, a levar para nossas casas, principalmente para crianças e idosos, um produto que "asseguradamente" irá manter as interações entre nossos sistemas em perfeita harmonia. E quando você descobre que a água que você paga para ter esse diferencial, na realidade, segundo algumas literaturas, é um engodo? A nossa primeira reação é a sensação de estarmos sendo lesados e, o que é pior, com o apoio das distribuidoras, dos supermercados e dos órgãos fiscalizadores. Um caso típico que posso relatar é o do produto que vem engarrafado com um plástico de brilho vítreo, vistoso, com um rótulo em muito apreciado, associado a um nome de peso no mercado internacional. Em uma determinada parte do invólucro há uma denominação característica para essa água: "água purificada". Que mensagem subliminar é passada ao consumidor, ao analisar tal denominação? Ao nos valer de um bom dicionário, poderemos ler a seguinte definição sobre a palavra em questão (purificada ou simplesmente purificar): "Tornar puro; livrar ou desembaraçar de substâncias que alteram, corrompem; depurar, purgar, mundificar, acrisolar. Tirar mácula(s) a; tornar puro moralmente; santificar, mundificar; limpar, isentar; limpar-se (física ou moralmente); mundificar-se". Quando analisamos para nós próprios, achamos que essa água, então, possui características sem mácula, isenta de produtos que possam desencadear algum desconforto. Mas, na realidade, essa água é a mesma que você consome em sua casa, como a de bica. O processo consiste em retirar os íons, que estão na forma de sais importantes para o nosso organismo, via método da osmose reversa, como se fosse um filtro capaz de deixar a água isenta de qualquer substância. Porém, a água, nessas condições, não terá o valor imensurável para nosso metabolismo. Ou seja, não serviria para nada, a não ser para suprimir a sensação de sede que logo reapareceria. E, caso continuássemos a consumir água com tais condições, nossa saúde poderia ficar seriamente prejudicada. O que então eles fazem para devolver as características mínimas para a "água purificada"? Adicionam íons salinos de magnésio e cálcio (há relatos de que sódio e potássio também) e, quem sabe, outros poucos ou mesmo mais nenhum íon salino. Esses sais são importantes para a transmissão do influxo nervoso. As gigantes dos refrigerantes comercializam a água purificada (nos Estados Unidos, a Coca-Cola e a Pepsi – parecer registrado em *O Ouro Azul*, de Barlow e Clarke). A água que usam de sistemas municipais geralmente custa a elas apenas uma fração de um centavo por litro e, depois que "purificam" e engarrafam a água, vendem-na por, aproximadamente, 1 dólar por litro. Alguns observadores apontam que a qualidade da água que sai das bicas é melhor do que a das ditas purificadas, isso na maioria das torneiras das comunidades da América do Norte.

A essas informações é prudente – e é uma postura de cidadania – relatar o que vem acontecendo com inúmeras fontes, principalmente no Estado de Minas Gerais, especificamente em São Lourenço. "A ATTAC, organização internacional da sociedade civil que pleiteia, entre outras coisas, a taxação de operações financeiras para a aplicação na redução das desigualdades sociais no mundo, lidera manifestações contra a privatização de uma fonte na cidade de Bevaix. As leis suíças deram razão aos manifestantes: a água é considerada bem comum, inalienável e não-comercializável. A água é patrimônio da humanidade lá na Suíça.

O Movimento de Cidadania pelas Águas – do qual o texto foi extraído –, organização espontânea da sociedade civil da cidade sul-mineira de São Lourenço, que pleiteia, entre outras coisas, o controle público sobre os seus recursos hídricos minerais, lidera a manifestação contra a Empresa de Águas de São Lourenço, pelo fim da superexploração das águas minerais que garantem o turismo e a economia da cidade."

Na Suíça, a água é bem comum. Em São Lourenço, cidade da ex-colônia Brasil, situada na ex-província das Minas, fornecedora do ouro que, junto com a prata andina, constituiu uma das bases da Revolução Industrial européia, a água não é nossa.

"O ouro acabou, mas as minas continuam generosas. A julgar pela rapidez da exploração, em breve terão o destino do ouro: a extinção."

Infelizmente, alguns posicionamentos fazem com que empresas sérias e que apresentavam uma credibilidade em patamares excelsos desmoronem em flagrantes de tentativas em mudar o natural pelo artificial, com o intuito único de aumentar o seu capital. Para que as pessoas fiquem mais antenadas com o desenrolar de intenções camufladas, "fazem parte dos clássicos da pediatria os esforços de uma determinada empresa em apresentar seu leite de vaca em pó como alternativa melhorada para o leite materno. Todos nós sabemos que o leite materno é fundamental para o sistema imunológico. Como induzir às pessoas que um produto industrializado, possui características sequer similares? Usa-se certos leites (em pó), quando a criança apresenta rejeição ou galactosemia.

Fazendo uma analogia com o emprego do marketing anterior, as fontes que eles estão explorando, razão de muitos embates judiciais, é uma preocupação crescente, visto que, para a formação desses aqüíferos, a Natureza demandou cerca de 200 milhões de anos. O mais imponente desses é o Aqüífero Guarani, o maior do mundo, que jaz sob 12 estados brasileiros (há pesquisas que informam oito), além de parte no Uruguai, Paraguai e Argentina, que aloja água suficiente para o abastecimento de todo o Brasil por 2 mil anos sem renovação. Os aqüíferos são estruturas formadas pela Natureza e que podem ser de duas características distintas: aqüíferos fósseis e os renováveis. Os fósseis são como os de petróleo, fechados – quando se tira a água não resta mais nada. Já os renováveis apresentam características dinâmicas – sai água e entra a da chuva, filtrada lentamente pelos solos e pelas rochas. A existência de vários tipos de água em espaços restritos, como as do Parque das Águas, pressupõe sistemas muito delicados, de composições rochosas e aqüíferos dentro de nichos poliminerais diversos. Demanda tempo para que os filetes de água venham recompor os aqüíferos, que são suficientes para o consumo, renovando-se por métodos ainda obscuros para a ciência. Foi neste cenário, cercado de imponderabilidades, que se implantou uma política predatória, confirmam jornais e revistas de Minas Gerais. Os relatos que se seguem, retirados de ações civis públicas, propostas pelo curador de meio ambiente e promotor de São Lourenço, prevêem danos irreparáveis ao meio ambiente e ao patrimônio turístico. Geólogos da Companhia de Recursos Minerais, junto com especialistas, ajudaram a montar um painel com estarrecedoras irregularidades. Eis os registros:

1. Destruição de fonte – Em flagrante ato de desprezo às autoridades e ao patrimônio ambiental, a fonte em questão, a mais antiga da história da cidade, erguida em 1892, foi destruída para aumentar a unidade fabril.

2. Secamento da fonte – A fonte, especificamente a de água magnesiana, ou seja, rica no elemento magnésio, a mais procurada e consumida, secou em três anos, depois de 100 anos sendo utilizada sem problemas. Mesmo que as acusações fossem aumentadas por força dos ambientalistas, essa evidência não pode ser contestada. O fim da fonte coincide com o lançamento de outra com denominação Primavera, onde a empresa retira a matéria-prima para produzir seu carro-chefe internacional da conquista do primeiro lugar mundial entre os fabricantes de "águas com sais adicionados".

3. Expansão da fábrica – A unidade foi expandida, segundo informações, em 300%, e a obra foi realizada sem passagem completa dos procedimentos administrativos públicos e sem licenciamento ambiental. No Rio de Janeiro, a FEEMA pede poços de monitoramento até onde se opera com parafina, que não percola no solo, em um flagrante ato de demonstração de poder, uma vez que parafínicos saturados de grande cadeia se solidificam à temperatura ambiente.

4. Construção de muralha – Uma muralha de quatro metros de altura foi construída, também sem licenciamento, em volta da nova fábrica. A obra, segundo especialistas, compromete os lençóis freáticos superficiais que possuem papel fundamental na caminhada das águas até os aqüíferos mais profundos.

5. Perfuração de poço – Um poço de grande vazão, de 158 metros, foi perfurado sem autorização do Departamento Nacional de Produção Mineral (DNPM), órgão do Ministério das Minas e Energia (MME), e deixado mais de um ano jorrando sem uso. A água que jorrava, e que possuía características absolutamente especiais, foi considerada "a mais mineralizada até agora descoberta no país", mas, por causa de seu altíssimo teor de ferro, tornava-se imprópria para embalagem e consumo. A eliminação do excesso de ferro não encontra abrigo na legislação brasileira.

6. Desmineralização da água – Essa água mineral com elevado teor de ferro passou a ser usada pela empresa, após a retirada de todos os elementos e compostos minerais, para a produção da água do gênero "água comum adicionada de sais". As leis brasileiras proíbem a utilização de águas consideradas minerais para a fabricação desse gênero de água. Em geral, águas como as que são produzidas com a chamada água de torneira ou mesmo água de rios, que, depois de "purificada", recebe alguns sais fabricados industrialmente. As águas têm sido consideradas diferentes das antigas por usuários que há tempos delas fazem uso. Os solutos que estavam estabilizados em proporções equilibradas dentro de cada qualidade de águas, mesmo na água com excesso de ferro, foram retirados das águas para esta pertencer ao gênero "purificada". Pergunta: onde estão os resíduos de outrora, solutos em grandes quantidades, toneladas? Talvez resida aí a resposta para a alteração do sabor das águas.

Os abusos continuam numa lista longa e que, tenho certeza, estarrecem quem está tendo a oportunidade de saber de tais arbitrariedades. A maioria da população do Brasil desconhece o fato, até porque tais notícias, a mídia, a mesma que promove e remove peças no poder, não quer apontar as irregularidades contra uma empresa tão poderosa (na realidade, são várias). As fontes de São Lourenço continuam sendo adulteradas e maculadas. Sendo esgotadas as águas, a empresa dizem os nativos, vai abandonar a cidade então sem futuro e procurar outros lugares para fabricar lucros. Essa é a verdade do que vem acontecendo não só no Brasil, mas principalmente em países considerados pobres, onde os insultos velados agridem não só a terra, mas a moral dos nativos de cada localidade.

Parece que Descartes talvez tivesse razão. Tudo indica ter havido a dicotomia, dessa vez de hemisférios cerebrais (lobotomia), das pessoas que exploram as fontes, mesmo sabendo que as águas, em sua forma mais pura e com suas características peculiares, valem muito mais do que da forma como estão conduzindo o caso. Os relatos sobre o fabuloso suporte que as águas minerais dão à saúde humana merecem ser abordados. A cultura das águas minerais data da era dos romanos, que eram amantes de banhos. Cita-se que o "termalismo" começou na Gália, onde se introduziu o comércio das águas medicinais. No século

XVII, na França, o comércio das águas minerais foi regulamentado por Henri IV, em maio de 1605. Ao longo do século XIX é que realmente nasce a indústria de envasamento de água mineral – em função das curas, iniciou-se a venda de frascos cheios de água mineral, para serem levados para casa. Com o incremento dos transportes, principalmente o ferroviário, houve a abertura do comércio para os países vizinhos.

Com a introdução da máquina de encher frascos, com a embalagem de vidro, a atividade industrial cresce, e surgem as grandes marcas de água mineral.

A água mineral era vendida em farmácias, pois essencialmente sua função era medicinal. A Igreja reconhece as qualidades terapêuticas "milagrosas" das águas minerais e colocava as fontes sob a proteção de um santo, o que justifica a maioria dos nomes das fontes. No fim dos anos 60, um novo impulso é dado a esta atividade, em função do surgimento das embalagens plásticas.

As águas minerais, especialmente as quentes, fazem parte de tratamentos preventivos e curativos. A "crenoterapia", defendida como o estudo das propriedades da água mineral em usos interno e externo, passou por três fases: I) a da água santa; II) a do empirismo, início das pesquisas científicas; e III) a da rigorosa análise científica. Com a comprovação dos princípios benéficos da água mineral, a FITEC – Fédération Internacionale du Thermalisme et du Climatisme – prevê para o século XXI um elevado desenvolvimento do turismo de saúde. A crenoterapia ajuda na cura de doenças das grandes cidades, como o estresse, as neuroses e a hipertensão.

"A classificação das águas minerais quanto à composição foi definida segundo o Decreto-lei 7.841, de 8 de março de 1945, que define, em seu artigo primeiro, que as águas minerais são aquelas provenientes de fontes naturais ou de fontes artificialmente captadas, que possuem composição ou propriedades distintas das águas comuns, com características que lhes confiram uma ação medicamentosa. As águas minerais possuem características diferentes nos inúmeros poços e podem ser classificadas como oligominerais que, apesar de não atingirem os limites estabelecidos nestes padrões, forem classificadas como minerais por suas propriedades favoráveis à saúde."

As radíferas são aquelas que contêm substâncias radioativas dissolvidas que lhes atribuam radioatividade permanente. Há, no entanto, águas minerais que possuem diferentes compostos e que poderão ser utilizadas para a manutenção da boa saúde, ou para a busca dessa. Não podemos deixar de destacar as alcalino-bicarbonatadas, alcalino-terrosas, magnesianas, sulfatadas, sulfurosas, nitratadas, cloretadas, ferruginosas, carbogasosas, radioativas, fortemente radioativas, toriativas etc. Os diversos nomes que batizaram as várias espécies de águas não foram em vão. Elas conferem aos que dela fazem proveito – eu diria bom proveito – inúmeros benefícios, que oscilam na cura de uma simples seborréia até como substâncias que possuem ação como sedativos de excitação neuropsíquica. Não é por acaso que os romanos, ao se utilizarem dessas maravilhas, onde a sábia Natureza sempre protege seus rebentos que a utilizam com sabedoria, foram uma verdadeira potência, dominando grande parte do globo. As águas minerais passam por rigorosos testes para a avaliação da qualidade e a concentração de seus sais. Mas, como anteriormente vimos, uma outra categoria de água mineral surge, com o título "água de proveta", apresentando o interesse dos grandes fabricantes de bebidas pela produção de água mineralizada. A água que sai direto da fonte para copinhos e garrafas começa a ser substituída por água de laboratório, ou mineralizada. A nova categoria desencadeou um desacordo dentro do setor, gerando polêmica entre os fabricantes tradicionais, que produzem, como já sabemos, água mineral direto dos aqüíferos e os produtores da mineralizada, que, após passar por um processo de filtração, sofre a adição de sais minerais. Apesar de todas as críticas à água mineralizada, o segmento vem crescendo com novas marcas, destacando-se a água de São Lourenço, que, segundo a empresa, passa por um rigoroso processo de purificação e, em seguida, adicionam-se 50,1 miligramas de cálcio (provavelmente na forma de sulfato), 5 miligramas de magnésio, 10 miligramas de sódio e 25,4 miligramas de bicarbonatos (HCO_3^{-1}), valores calculados para um litro. Apesar de tudo, parece ser um mercado promissor, pois há informações de que Companhias de cerveja investiram alguns milhões de reais para lançarem suas águas mineralizadas. No entanto, para algumas marcas, ainda se trata de especulação. Vamos aguardar o desenrolar dos acontecimentos.

A legislação que permitiu a venda deste tipo de água foi a Portaria 328, de 1995, do Departamento Técnico Normativo (DETEN) da Secretaria de Vigilância Sanitária do Ministério da Saúde, inclusive para que a água de abastecimento público, submetida a tratamento especial pudesse ser vendida com a denominação "água adicionada de sais".

Atualmente, a Resolução 309, de 16 de julho de 1999, da Agência de Vigilância Sanitária, fixou as características mínimas de identidade e qualidade de toda e qualquer "Água Purificada Adicionada de Sais", e aprovou em seu artigo primeiro o regulamento técnico referente a padrões de qualidade para tais águas.

A água dessa categoria, ou seja, a "purificada", de São Lourenço, é tão malvista que pessoas dotadas de indignação, e com senso de humor inteligente, desenvolveram um rótulo adequado dentro de sua visão ao produto em questão. O rótulo, ao invés de utilizarem o nome adequado, foi denominado Mentira Pura), com demais informações. Nunca, no entanto, devemos nos esquecer de que há um sem-fim de empresas que estão explorando o mercado, mas não posso garantir se, no mínimo segundo os sites de consulta, estão respeitando o limite dos aqüíferos. A empresa, no entanto, quer parar a produção desse tipo de água e está tentando uma aproximação para diminuir as querelas. O impasse continua, mas torcemos sinceramente para que todos saiam desse episódio sem levar no histórico máculas que não favorecem qualquer dos lados na questão.

Alfinetadas à parte, não é só o pessoal de Minas que está colocando tais evidências. Inúmeras literaturas, de vários autores, embora não apresentando um trabalho tão focado, apresentam as mesmas evidências. O que podemos concluir é que, mesmo que aceitássemos haver discrepâncias de ambas as partes, ou seja, ambientalistas e a empresa que explora as fontes (não só no Brasil), há algo que tem um odor que aqui não posso registrar.

Por favor, deixe-me chamar sua atenção para refrear sua possível cólera contra a empresa que está superexplorando fontes, segundo dados da www em Minas. Existe não apenas um só senhor ou senhora das águas. Hoje, a indústria da água, em sua forma global, é dominada por 10 grandes corporações que se encaixam em três categorias. Barlow e Clarke registram que a primeira, os verdadeiros titãs no mundo, são a Vivendi Universal e a Suez, antiga Suez-Lyonnaise des Eaux, ambas na França. Elas, juntas, operam em centenas de países. A Suez em 130 e a Vivendi, em 90. A França teve sua privatização na metade do século XIX, sob o comando do Imperador Napoleão III. A segunda camada consiste em quatro corporações ou consórcios: a Bouygues-SAUR, a RWE-Thames Water, a Bechtel-United Utilities e a Enron-Azurix. A terceira camada é composta de um grupo de empresas de água menores, que desenvolveram recursos e técnicas consideráveis, mas não estão em uma posição de ameaçar as titãs. O grupo britânico é formado pelas empresas Severn Trent, Anglian Water e a Kelda Group, conhecidas anteriormente como Yorkshire Water. Todas foram privatizadas no governo de Margareth Tatcher, na década de 80, na mesma época em que a primeira-ministra queria tornar a Amazônia área internacional, pois sabia o quão lucrativa e estratégica é a dominação de aqüíferos e corpos hídricos em geral. Parece que, na iminência de lucros estratosféricos, o polido modo inglês sofre um repentino retrocesso que o transporta para épocas em que a pirataria era o modo de usurpação. No entanto, naquele tempo, "eles" eram muito mais transparentes, pois demonstravam seus intentos, livrando-os do crime de falsidade ideológica. A quarta empresa é a American Water Works Company, que, recentemente, encampou a Azurix. Tais empresas são como um octópode que invade todos os países para sugar o dinheiro e a água. Tais admoestações partiram do sociólogo francês Jean-Pierre Joseph, ao observar as operações da Vivendi Universal.

Mas uma pergunta muito oportuna ainda deve estar fustigando a sua mente, não é verdade? Como é que as transnacionais da água, que formam verdadeiros cartéis pelo mundo, conseguem abocanhar essa fatia de mercado multimilionário como a um enfermo em seu pico de trismo? A resposta é a seguinte: "Desde o início da década de 80, o Banco Mundial e o FMI impõem, como condições para a renovação de seus financiamentos e pagamentos de dívidas internacionais, os Programas de Ajuste Estrutural aos países do Terceiro Mundo. Estes programas obrigaram os governos dos países do Terceiro Mundo a praticar uma série de medidas radicais, variando da liquidação de empresas públicas para pagamento de empréstimos de dívidas até grandes reduções de gastos públicos com saúde, educação e serviços sociais. Estas mudanças estruturais, por sua vez, tiveram impactos devastadores nas condições de vida da maioria pobre desses países durante a última década e meia. Nos últimos anos, uma das principais condições para a renovação de empréstimos do Banco Mundial e do FMI foi a privatização dos serviços públicos de *água* e saneamento básico do país." O Banco Mundial, ao mesmo tempo, fornece capital diretamente para as principais empresas de água por meio de sua Corporação de Finanças Internacionais (IFC). No episódio da privatização da água em Buenos Aires, a Suez e seus parceiros se comprometeram a investir até 1 bilhão de dólares no primeiro ano. No entanto, ela só investiu 30 milhões de dólares daquele dinheiro, enquanto o restante veio da IFC e de outras instituições financeiras. A Suez também esteve na Bolívia e aqui no Brasil, em São Paulo. Ao que parece, quando o FMI e o Banco Mundial emprestam dinheiro para forçar a privatização dos corpos hídricos de um determinado país, lucram duas vezes, além de facilitarem a mobilização das gigantes pelo mundo.

Isso é apenas uma pequena demonstração do quão estratégica é a água, que pode alavancar um país ou deixá-lo à margem do desenvolvimento. É o que se vê nas tramas – a cooptação entre líderes de países imperialistas, aliados ao FMI. É assim como a relação diabólica entre Hades e Cérbero. Precisamos cada vez mais ficar atentos ao desenrolar dos acontecimentos internacionais que possam depreciar a qualidade de nossas vidas. O Brasil, com certeza, está na mira desses organismos por possuir quase 10% das águas potáveis que estão disponibilizadas para o consumo, para a indústria e para a agricultura. Possui também 2/3 do Aqüífero Guarani, que pode manter milhões de pessoas (de 300 milhões a 500 milhões) indefinidamente. Já no século XXI, houve estremecimentos internacionais sobre um episódio lamentável que envolve a Amazônia. Alguns países, além dos Estados Unidos, também se posicionaram a favor da internacionalização da Amazônia. Como podemos facilmente notar, vários problemas estão intrínsecos aos recursos hídricos: a primazia do lucro é feroz e insensível, pressionando os governos a tomar à força os bens naturais em outro alhures.

Estamos entrando em uma fase muito delicada da história da humanidade, onde os valores poderão perder totalmente o sentido, se não houver uma saída para a situação emergencial que se instala. E mais, pode esta crise acarretar implicações de conotação mais belicosa, se os Estados Unidos, como sempre, tentarem por força das armas (sua diplomacia) arrancar o que não lhes pertence, mas usando a ONU para legitimar suas ações de cunho imperialista.

No trabalho sob o título *O Ponto de Mutação*, de F. Capra, há uma séria informação sobre as atuais políticas de defesa americana. "Nos Estados Unidos, onde o complexo militar-industrial se converteu em parte integrante do governo, o Pentágono tenta persuadir-nos de que construir mais e melhores armas tornará o país mais seguro. No entanto, ocorre o oposto. Nestes últimos anos, tornou-se notória uma alarmante mudança na política de defesa norte-americana, que registra uma tendência de aumentar seu poderio nuclear, não para retaliar, mas para a iniciativa do primeiro ataque."

O caso mais sério está envolvendo a Amazônia, cujo território pretendem internacionalizar, ou pretendiam, como ventilam correntes mais amenas. O real motivo, ou um dos principais, é o controle dos corpos hídricos, os quais já são explorados por algumas multinacionais.

O movimento ambientalista, agora acostumado aos paroxismos desanimadores das profecias malthusianas, previu crescentes conflitos universais entre demanda e oferta. Até os funcionários de uma instituição tão sóbria quanto o Banco Mundial uniram-se ao coro. Ismail Serageldin, o vice-presidente do banco para assuntos relacionados ao meio ambiente e presidente da Comissão Mundial da Água, declarou rudemente, há alguns anos, que "as guerras do século XXI serão travadas por causa da água. Ainda que tenha sido severamente criticado por sua opinião, ele se recusou a desmenti-la e tem afirmado com freqüência que a água é a questão mais crítica que o desenvolvimento humano enfrenta.

Por ser tão disputada, embora na maioria das vezes de forma dissimulada, o tema *água* chegou em nossas portas e quem nos alerta desta vez são as Forças Armadas, representadas pelo Exército, o qual teme a internacionalização da região amazônica e cobram posição do governo; mapas distribuídos em escolas americanas mostram região destacada do território brasileiro. A internacionalização da Amazônia foi o tema entre militares de alta patente que participaram da comemoração do aniversário da Batalha Naval de Riachuelo, em Brasília. O tom de denúncias à boca-miúda, conforme divulgou a *Agência Estado*, e o clima de apreensão diante da crescente pressão externa sobre o território amazônico, aumentaram em função da divulgação de mapas que teoricamente estariam sendo usados em todas as escolas americanas, mostrando a Amazônia "como área de preservação ou controle internacional", separada geograficamente do território brasileiro. Os militares exigiram um posicionamento oficial do governo brasileiro, e o Presidente Fernando Henrique Cardoso, presente à solenidade, manteve-se calado. Somente no dia seguinte o Presidente resolveu falar, por meio do porta-voz Georges Lamaziere: "Há apenas cooperação com os americanos."

Há correntes na Internet que alegam ser infundados tais comentários. No entanto, as pessoas demonstram grande apreensão.

O Exército é a força militar mais preocupada com o assunto, e tem reclamado, há tempos, por mais investimentos para guarnecer a fronteira brasileira, defendendo ainda a continuidade do Projeto Calha Norte, enterrado de vez desde que o governo federal, numa parceria com o governo norte-americano, adotou o Sistema de Vigilância da Amazônia

(Sivam). Na época, Marinha e Exército se posicionaram contra. Apenas a Aeronáutica, que elaborou projetos para atender ao Sivam, não tem posição oficial veemente sobre o assunto. Em discurso lido na cerimônia de aniversário da Batalha Naval de Riachuelo, o Almirante Sérgio Chagasteles, comandante da Marinha, sem diretamente citar a Amazônia, demonstrou sua preocupação: "A globalização está aumentando a interdependência entre os Estados, dificultando a visualização de ameaças externas concretas, fato agravado também pela momentânea sensação de segurança".

Antes do governo Lula, poucas ações eram tomadas para proteger a Amazônia de uma possível internacionalização, fato esse que pela globalização tem ganhado corpo. Fato esse corroborado devido a falta de uma vigilância efetiva de fronteira. Agora podemos exclamar.

(http://www.geocities.com/natel07/adesivo.html).

Sobre o imperialismo que muitas das nações sofrem de certa forma, o relato a seguir foi extraído da brilhante explanação de Marq De Villiers sobre a problemática da água, que nos leva a uma reflexão quanto aos possíveis países que serão explorados devido a esse inestimável bem: "Os americanos afirmam estar explorando seus próprios aqüíferos de maneira não-sustentável. Eles sabem há anos que o Aqüífero de Ogallala, sob os Altiplanos, está sendo seriamente superexplorado. O que eles pretendem fazer quando a água deles acabar?" Obs.: O Aqüífero de Ogallala situa-se a grande profundidade no argilito xistoso e no cascalho, sob uma área de uns 580 mil km².

A cobiça sobre as riquezas naturais da Região Amazônica é antiga, e ganhou, no Estado moderno, outro tipo de pressão: a econômica, em lugar da predisposição de ocupação territorial, ou seja, o uso da força militar estrangeira para conquista de terras no lado de cá do Equador. Mas há quem não duvide de uma entrada à força, caso o Brasil acorde para o que representa a Amazônia como canal para uma liderança inconteste no cenário mundial, e particularmente na América Latina, deixando de vê-la pela ótica do amor folclórico. O jornalista Carlos Chagas, um dos articulistas que mais têm defendido a soberania brasileira sobre a Amazônia, abominando as interferências externas no quintal alheio, em um dos seus escritos, historiou algumas das frases ditas por autoridades da atualidade que mostram seu entusiasmado interesse sobre a região, em alguns casos com o argumento de "proteger" sua biodiversidade. Eis algumas delas:

"Ao contrário do que pensam os brasileiros, a Amazônia não é deles, mas de todos nós" (Al Gore, 1989, Vice-Presidente dos Estados Unidos).

"Os países industrializados não poderão viver da maneira como existiram até hoje se não tiverem à sua disposição os recursos naturais não-renováveis do Planeta. Terão que montar um sistema de pressões e constrangimentos garantidores da consecução de seus intentos" (Henry Kissinger, 1977, ex-Secretário de Estado Americano – logo depois de a produção de petróleo ter atingido seu pico em 1970, segundo registro na obra "A Economia do Hidrogênio").

"O Brasil deve delegar parte de seus direitos sobre a Amazônia aos organismos internacionais competentes" (Mikhail Gorbatchev, 1992, ex-ditador da extinta União Soviética).

"O Brasil tem que aceitar uma soberania relativa sobre a Amazônia" (François Mitterrand, 1989, então Presidente da França).

"As nações desenvolvidas devem estender o domínio da lei ao que é comum de todos no mundo. As campanhas ecologistas internacionais que visam à limitação das soberanias nacionais sobre a Região Amazônica estão deixando a fase propagandista para dar início a uma fase operativa, que pode definitivamente ensejar intervenções militares sobre a região" (John Major, 1992, então Primeiro-Ministro da Inglaterra).

"A liderança dos Estados Unidos exige que apoiemos a diplomacia com a ameaça da força" (Warren Christopher, 1995, quando Secretário de Defesa dos Estados Unidos).

"Se os países subdesenvolvidos não conseguem pagar suas dívidas externas, que vendam suas riquezas, seus territórios e suas fábricas" (Margareth Tatcher, 1983, então Primeira-Ministra da Inglaterra).

Para corroborar com essa terrível realidade, que as pessoas desinformadas alegam ser histórias da grande rede de computadores, uma reportagem mostra o movimento de 22 mil soldados de selva para a proteção de nossas fronteiras:

O Brasil que o Brasil perdeu (retirado de jornais da Net e Isto é Dinheiro)

Na Amazônia brasileira, as fronteiras estão indefinidas. Índios recusam-se a se considerar brasileiros, ONGs mundiais atuam livremente e o fantasma da internacionalização leva as Forças Armadas a realizar manobras de defesa. O país vai perder território?

As fronteiras brasileiras estão sendo redefinidas, para menos. Na Amazônia, numa faixa de mais de 5 mil quilômetros que separa o Brasil de sete países vizinhos, já não é possível circular livremente, nem mesmo por rodovias federais. Para passar pelas cancelas instaladas nas estradas, só com a anuência dos índios, donos, por decreto, de uma área equivalente a duas vezes o território de Portugal. Os índios dizem que aquilo não é mais terra de brasileiros e muitos se recusam até a se definirem como brasileiros. Mesmo aviões de carreira são impedidos de usar rotas por ali – é como se o espaço aéreo da região não fosse nacional. As aeronaves são obrigadas a desviar, aumentando custos de vôos e desconforto para passageiros. Cidadãos brasileiros não podem exercer na região – riquíssima em recursos naturais – qualquer atividade econômica. Despovoadas, essas terras ditas brasileiras hoje se confundem com parques nacionais criados na Venezuela e na Guiana, formando uma zona internacional sujeita a qualquer tipo de ingerência externa. Do lado brasileiro, multiplicam-se as queixas de que apenas estrangeiros têm acesso facilitado às reservas. O índice de invasão dos céus da região por aviões suspeitos de contrabando e narcotráfico aumentou 20% desde o início do ano. Na selva, garimpeiros e guerrilheiros das Farc colombianas trilham caminhos dos dois lados da floresta. Ali, onde as áreas indígenas somam mais de 60 milhões de hectares, o Brasil está perdendo o Brasil.

"Estamos atentos a esse conjunto de problemas", reconheceu o general P. Studart, comandante das tropas brasileiras situadas em Roraima. Com fran-

queza e cautela, ele admite: "Detectamos um ambiente internacional que pode nos levar, em médio prazo, a uma situação de defesa territorial efetiva." Nas próximas semanas, o Exército, a Marinha e a Aeronáutica desencadeiam a edição 2004 da Operação Timbó, que irá mobilizar cerca de 22 mil soldados. "Vamos esquadrinhar toda a nossa fronteira", assegura o general Studart. Nos exercícios preliminares à operação, a revista que o entrevistou acompanhou um pelotão do Exército em sua exaustiva ação militar. Rostos pintados com tinta verde-escuro, uniformes camuflados e levando sobre o corpo mais de 20 quilos de equipamentos, nossos soldados, vindos de todas as regiões do país, enfrentam os rigores da selva sob ordens rígidas. Ao encontro do inimigo, tenta-se uma primeira palavra de diálogo. Em sinal negativo, abre-se fogo. Pela faixa fronteiriça, patrulhas costumam sair em missões com volta programada ao quartel apenas depois de 48 horas de buscas. "Eles sabem a hora de sair, não a de voltar", afirmou um major brasileiro. Na Amazônia, há uma suspeita generalizada de que dentro das áreas indígenas uma dezena de organizações estrangeiras opera ações de domínio territorial e cultural dos índios – e, portanto, de um rico pedaço do Brasil. No final do ano passado, na sede do Comando Militar da Amazônia, em Manaus, uma reunião chamada "Operação Porteira Fechada" mobilizou representantes das forças de segurança da região. "Com gráficos e slides, os militares mostraram que as áreas indígenas coincidem com jazidas de diamante e nascentes de água potável*", lembra o secretário de Segurança de Roraima, Francisco Sá Cavalcante. Nessa zona cinzenta, que é Brasil, mas tem ocupação exclusiva de índios amparados por ONGs estrangeiras, há, segundo os mapas militares, reservas de cassiterita, urânio, nióbio e molibdênio, esses últimos metais utilizados pela indústria aeroespacial."*

"Há uma partida geopolítica poderosa sendo jogada neste momento na Amazônia", diz o ex-ministro do Exército Leônidas Pires Gonçalves. Seguidos informes a Brasília, emitidos por chefes militares brasileiros da Região Amazônica, levaram o Ministério da Defesa a não aplicar, ali, o regime de contenção de despesas e de pessoal em curso no resto do país. "Existem ameaças sérias sobre o território brasileiro", afirma o ministro da Coordenação Política. "A Amazônia é nossa prioridade de defesa." Até o final do ano, o Exército planeja instalar, de maneira permanente, mais 3 mil homens. Hoje, com quatro bases aéreas na região, a Aeronáutica está construindo mais duas e tem projeto para outras três. A de Boa Vista, chefiada pelo tenente-aviador Alexandre de Assis, foi ampliada. Ele lembra que o sistema de radares do Sivam tem-se mostrado eficiente no monitoramento dos céus da Amazônia, mas faltam instrumentos legais aos nossos pilotos para interceptar aparelhos desconhecidos ou hostis. "Semanalmente há eventos de invasão sobre nosso espaço aéreo", diz o comandante Assis. Está (já

sancionada) no gabinete do Presidente Luiz Inácio Lula da Silva a chamada Lei do Abate, que irá permitir que forças brasileiras ataquem aviões inimigos no espaço aéreo nacional. Os Estados Unidos pressionam para que a legislação, aprovada pelo Congresso, não seja sancionada.

"Nada menos do que 46% da área do Estado de Roraima, neste momento, não podem ser ocupados economicamente em razão de reservas indígenas já demarcadas. Ali dentro, ao contrário do que se estuda nas escolas, em que tudo ainda é Brasil, para dezenas de organizações estrangeiras o que existe é, sim, a Nação Ianomami, com seus 9,7 milhões de hectares na fronteira com a Venezuela. Nesta imensa área virgem vivem 11 mil Ianomami. Eu achava tudo isso paranóia, mas hoje acredito que é possível uma reserva indígena declarar independência do Brasil e obter reconhecimento imediato dos Estados Unidos", alerta o ex-ministro Delfim Netto. Um artigo foi publicado arrolando declarações de líderes estrangeiros sobre a desnacionalização da Amazônia: "Ao contrário do que pensam os brasileiros, a Amazônia não é deles, mas de todos nós", disse o então ex-Vice-Presidente americano Al Gore, em 1989. No mesmo ano, o francês François Mitterrand ecoava: "O Brasil tem que aceitar uma soberania relativa sobre a Amazônia". Já vimos tais declarações; a repetição é para comprovação dos fatos.

O fantasma da internacionalização da Amazônia tem uma espinha dorsal bastante sólida. Áreas exclusivas para índios já formam um corredor que nasce na Guiana e se estende até a apenas 120 quilômetros de Manaus. Espera-se para os próximos dias uma decisão do Supremo Tribunal Federal que poderá conceder mais 1,7 milhão de hectares aos índios em Roraima. Veteranos da região estão alarmados. "Os europeus chegaram ao coração da Amazônia", sublinha um major da reserva, piloto da Aeronáutica com larga experiência na fronteira. Por todas estas razões, a intenção das Forças Armadas é blindar a Amazônia, missão em tudo estratégica diante dos ataques aos contornos históricos do Brasil.

"Situação semelhante foi anteriormente observada. Israel também explora águas que nascem naturalmente fora de seu limite geopolítico. Ninguém se esquece em Israel que 2/3 das águas do país se originam do território que controlam graças a conquistas militares, nas colinas de Golan e na Cisjordânia. A Al Fatah, além de outros grupos, tem alvejado as instituições de água israelenses há 30 anos. Nós vamos ter de conseguir mais água. Mas onde? Essa continua sendo uma questão crítica." É notória a cobiça sobre nossos bens naturais, ficando claro para nós que desde muito tempo existam planos para abocanhar nossas reservas como a um enfermo no seu pico de trismo. A mídia inocente, *neste caso, imaginava que devido ao fato de essa região ser continuidade do terreno geológico da Venezuela (vice-versa), os interesses se voltavam para uma possível e abastada jazida de petróleo naquela região. Mas, com a contínua observação dos posicionamentos geopolíticos, a água se torna a detentora da atenção mundial. O governo brasileiro deve estabelecer uma política de protecionismo sobre esses recursos, visando ao desenvolvimento econômico e social de nossa terra. Não pode de maneira alguma suplantar o desejo do Brasil, visto como pátria, em detrimento a facilitação de ações de organismos internacionais em troca de uma promessa abstrata de futuros investimentos. As empresas transnacionais nos alertam sobre isso, como vimos, devido a seu comportamento parasitário sobre a economia de muitos países em todos os níveis, e que estão acima de governos.*

Para se ter uma idéia quantitativa e mais sólida a respeito da distribuição da água pelos continentes, um gráfico é uma ferramenta oportuna.

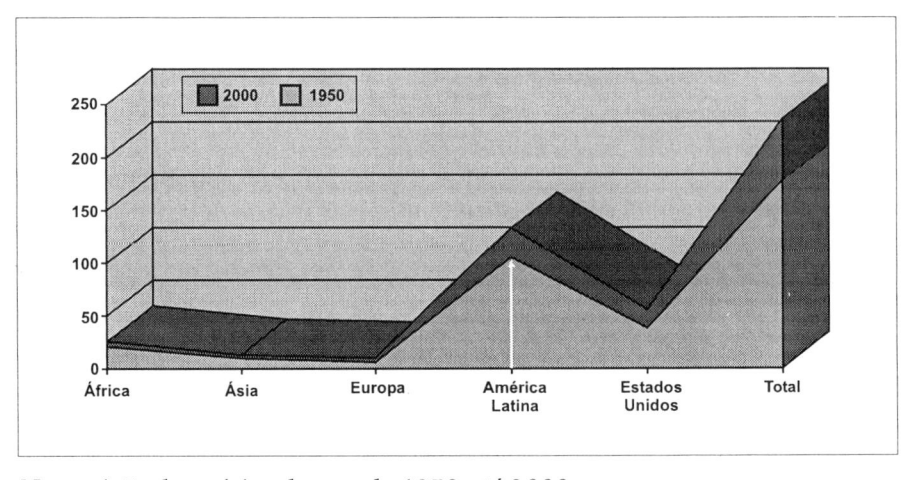

Uma visão dramática do ano de 1950 até 2000.

O gráfico demonstra claramente o motivo pelo qual nossas reservas estão na mira dos imperialistas: devido à América Latina, principalmente o Brasil, deter um expressivo percentual de água. Estes patamares totalmente adversos à continuação da vida, os quais estão esboçados em outras regiões do Planeta, se dão devido à implementação de idéias nos primórdios da era de desenvolvimento, em torno do século IV, que, acreditando pensarem estar pensando, várias ações consideradas intelectualmente concebidas começaram a nos arruinar. Vide teoria da abiogênese elaborada por gregos, o princípio da dessacralização da Natureza de forma imprudente, o que já foi considerada, e o posicionamento da família grega quanto a seus filhos, entregando-os ao Estado para educá-los em tempo integral, onde a tarefa dos pais era apenas no convívio do lazer. O período de imanência e transcendência foi abrupto e as idéias embutidas nos contextos eram por demais divergentes. Assim, a Natureza começou a ser fustigada e não utilizada de modo equilibrado. O progresso e a criação de grandes centros urbanos também contribuíram eficazmente para a deterioração dos corpos d'água, agravada pela utilização descomedida da água e pela grande quantidade de esgoto sem tratamento. Bem, disso todos nós já estamos conscientes. O importante é desenvolvermos meios capazes de chamar a atenção dos líderes mundiais (especialmente o presidente Bush), para atacar o problema frontalmente. A ONU seria o organismo que deveria auxiliar nesse aspecto, impedindo até mesmo por meio de sanções o uso indiscriminado da água, sugerindo a captação alternativa (chuvas, orvalho nos campos, reutilização nos grandes centros etc.), para que, em curtíssimo prazo, não sejamos obrigados a realizar processos caros e complicados como a dessalinização das águas oceânicas, consumo da água doce congelada nos pólos e um sem-fim de ações que encarecerão o produto para o consumo, privilegiando mais uma vez uma classe econômica diminuta.

Tais comentários infelizmente são desconhecidos para um expressivo e incógnito número de pessoas por toda a Terra. Mas os cartéis agradecem, assim como os governos estrangeiros também. Pois, quando há mobilização de uma nação a respeito de um determinado assunto, normalmente os rumos são traçados pelos cidadãos e não através de negociatas que sustentam a manutenção dos imperialistas. Veja a ALCA, por exemplo.

Paralelo ao problema de estarmos vivendo nossas vidas, mas de olho em quem pode invadir nossa casa de surpresa, a poluição das águas é algo que também acirra ainda mais a necessidade de se ter cada vez mais locais que apresentem monumentais quantidades de água. O paradoxo de se ter e poluir não é característico de uma nação, mas de todas, principalmente quando o povo não quer ouvir falar em economia e proteção ambiental. Suas preocupações são apenas com bens materiais, que estão com suas vidas úteis cada vez mais reduzidas, resultado da obsolescência programada, mais uma arredia criação dos que têm o capital como o mais importante. Esquecem-se até mesmo de que as catástrofes ambientais, como os ciclones extratropicais, estão se formando em zonas de alta pressão, como nossa posição geográfica no Hemisfério Sul, em condições totalmente adversas, pelo menos teoricamente, para sua formação. Parece ser inexeqüível o controle sobre os corpos hídricos, visto situações ditas como naturais corroborarem para a desqualificação das águas.

A maior parte dos poluentes atmosféricos reage com o vapor de água na atmosfera e volta à superfície sob a forma de chuvas, contaminando, pela absorção do solo, os lençóis subterrâneos. Nas cidades e regiões agrícolas são lançados diariamente cerca de 10 bilhões de litros de esgoto, que poluem rios, lagos, lençóis subterrâneos e áreas de mananciais. Os oceanos recebem boa parte dos poluentes dissolvidos nos rios, além do lixo dos centros industriais e urbanos localizados no litoral. O excesso de material orgânico no mar leva à proliferação descontrolada de microrganismos, que acabam por formar as chamadas "marés vermelhas", que matam peixes e deixam os frutos do mar impróprios para o consumo do homem (principalmente bivalves filtradores = mexilhão, por exemplo). Anualmente, 1 milhão de toneladas de óleo se espalham pela superfície dos oceanos, formando uma camada compacta que demora a ser absorvida.

As Águas Subterrâneas

São importantes do ponto de vista da quantidade e da qualidade. A deterioração das águas subterrâneas por efeito de contaminação poderia acarretar conseqüências imprevisíveis e custosas, alcançando, em alguns casos, efeitos irreversíveis. Os técnicos chamam de "causas antrópicas", quando as atividades humanas é que provocam a contaminação das águas subterrâneas. São diversas as formas de contaminação, envolvendo desde organismos patogênicos até elementos químicos como os metais pesados – caso do mercúrio – moléculas sendo das mais diversas e de categorias orgânicas e inorgânicas.

Técnicos do meio ambiente (Cetesb) dizem que a possibilidade de os contaminantes atingirem os poços perfurados vai depender das características dos aqüíferos, particularmente as estruturas geológicas, a permeabilidade do solo, a transmissividade etc.

Os maiores focos de poluição dos lençóis freáticos serão discutidos à frente, o que nos dará subsídios para que, como cidadãos planetários, possamos mitigar as ações e assim refrear o triste andamento que vemos em níveis mundiais.

Lixos e Cemitérios

As águas subterrâneas localizadas nas proximidades dos grandes lixões registram a presença de bactérias do grupo coliformes totais, fecais e estreptococos. Segundo professores, são componentes orgânicos oriundos do chorume, que são substâncias sulfuradas, nitrogenadas e cloradas, com elevado teor de metais pesados, que fluem do lixo e conseguem se infiltrar irremediavelmente na terra, chegando até aos aqüíferos. As águas subterrâneas situadas nas vizinhanças dos cemitérios são ainda mais atacadas. Podemos citar como exemplo os dos cemitérios municipais de São Paulo. Águas coletadas nas suas proximidades revelaram a presença de índices elevados de coliformes fecais, estreptococos fecais, bactérias de diversas categorias, salmonela, elevados teores de nitratos e metais como alumínio, cromo, cádmio, manganês, bário e chumbo. Os cemitérios, que recebem continuamente milhares de corpos que se decompõem com o tempo, são autênticos fornecedores de contaminantes de largo espectro das águas subterrâneas das proximidades. Águas que, normalmente, são consumidas pelas populações da periferia. Uma solução que podemos colocar em prática foi o caso que ocorreu no bairro de Gramacho, no município de Duque de Caxias, no Rio de Janeiro. Lá há um local de despejo de lixo, o dito aterro sanitário, que não possui canaletas que convergiriam o chorume, líquido altamente tóxico que poderia alcançar a Baía de Guanabara, já tão sofrida pelo inconseqüente posicionamento do povo e das autoridades. Por sorte o terreno é impermeável, o que permitiu o aprisionamento da maioria do líquido agressivo. Pela lei, o ano de 2004 é o período-limite para sua utilização, o que nos dá um certo alívio pela suspensão de seu depósito. No caso dos cemitérios, o processo natural no caso de Gramacho poderia ser feito de modo artificial com argila impermeável, reduzindo a contaminação que, se não levar à morte, poderá desenvolver seqüelas importantes e indesejáveis. Conhecimento é poder, e poder é a ferramenta incontestável para se mudar as coisas.

Postos e Fossas

Também em São Paulo, a população reclama do odor e do sabor da água. Em vista disso, estudos foram realizados por um professor de geologia que, no material recolhido, encontrou contaminação oriunda do vazamento de tanques de armazenamento subterrâneo de gasolina em poços de abastecimento de água em residências vizinhas. A água recolhida desses poços revelou elevados teores de benzeno, proibido pela legislação Portaria 3214/78 – NR15 anexo 13-A, e demais compostos orgânicos presentes na gasolina, como tolueno, xileno, etilbenzeno e naftaleno. Caso esse combustível se infiltre em redes de esgoto e túneis de obras de engenharia, haverá riscos reais de explosões de grandes proporções em locais que não podemos prever a tempo.

A reutilização do abundante volume de água gasta nos postos reverterá obrigatoriamente em aumento da receita, o que poderá ser um incremento extra à monitoração dos tanques no subsolo, no que concerne a vazamentos, gerados esses recursos pela racionalização do agora comedido uso da água e dos produtos característicos da atividade.

Em pesquisa por vários postos de gasolina, os números não se mostravam com uma seqüência harmoniosa quanto ao volume gasto de água, mas, em média, cada lava-jato, seja por pistola, por trilhos ou ainda nas gerais convencionais, gasta 400 litros de água para cada 10 carros. Caso esse dado seja verídico, e se estimarmos no Rio de Janeiro um número arbitrado em 3 mil postos que lavam por dia 30 carros, o consumo será de 36 milhões de litros/mês. Anualmente chegaríamos a 432 milhões de litros. Esse valor extremamente alto não contempla os pequenos *water-boxes* que grassam por todos os bairros, tampouco os demais estados brasileiros. Quatrocentos e trinta e dois milhões de litros de água podem saciar a sede de 864 mil famílias, levando em consideração que uma família com quatro pessoas gasta 500 litros por dia, uma média muito acima da Europa.

Dando seguimento à importância da monitoração de tanques no subsolo, há um relato criminoso, que deverá ser lido e analisado sob a ótica ambiental. O assunto envolve diretamente a problemática sobre a água. Infelizmente, evidências é que não faltam para endossar a temerosa verdade de que tanques de empresas petrolíferas estão sem o menor constrangimento maculando os mananciais de modo irreversível. Uma reportagem retirada da Internet e noticiada em vários jornais na época focou esse assunto alarmante e dá nomes a empresas que estão envolvidas com mais esse impacto ambiental negativo. Os dados a seguir estão reportados na íntegra, sem adição ou remoção de idéias ou fatos, sem o intuito de privilegiar ou denegrir.

População Vizinha à Empresa de Petróleo no Ipiranga Corre Risco, diz Parecer

SÃO PAULO (Reuters) – A contaminação por metais pesados e organoclorados do solo e das águas profundas causada pelo depósito da empresa no Ipiranga, zona sul de São Paulo, representa um sério risco à população da Vila Carioca, vizinha ao local, apontou um parecer encomendado pelo Ministério Público Estadual. A empresa assume o ônus ambiental, mas nega que ele represente qualquer perigo às pessoas.

"A partir das conclusões do parecer, é possível afirmar que os vizinhos à instalação deveriam ser removidos do local e deveriam passar por exames médicos", disse à Reuters uma fonte judicial próxima ao caso. "Além disso, a empresa deveria trabalhar com afinco para recuperar a área."

Ela, que já vinha sendo acusada de contaminar a população vizinha com as suas instalações em Paulínia (126 km a noroeste de São Paulo), afirma que há dois anos está tomando medidas práticas para recuperar a região da contaminação por substâncias usadas na formulação de pesticidas, que eram manipuladas no Ipiranga entre 1950 e 1978.

"O estudo, que ficou pronto em 1998, deixa claro que há contaminação no local, mas que ela não ultrapassa os limites do terreno da empresa; portanto, não representa perigo aos moradores", disse o gerente de instalações da empresa no Brasil.

Ele afirmou que a contaminação, causada por resíduos das substâncias químicas enterradas em valas comuns ao lado dos tanques de produção, estava sendo contida através da limpeza da área dentro do depósito.

Foi baseado neste mesmo estudo, realizado pela consultoria Geocloc, contratada pela empresa de petróleo, que o engenheiro ambiental produziu o parecer pedido pelo Ministério Público.

O documento questiona a conclusão da companhia, utilizando o argumento de que, a partir do momento em que a contaminação atingiu as águas profundas – abaixo do lençol freático –, a poluição extravasa os limites da empresa e atinge a região próxima.

A denúncia sobre a contaminação na área foi realizada em 1993 pelo Greenpeace e pelo sindicato dos petroleiros que trabalhavam nas instalações. Atualmente, funciona no local um depósito de combustíveis e escritórios administrativos da companhia.

Caso Paulínia

SÃO PAULO (Reuters) – Em 2001, a mesma empresa foi acusada pela Prefeitura de Paulínia de contaminar, com as mesmas substâncias do caso Ipiranga, a população do bairro Recanto dos Pássaros no município. A empresa tinha uma fábrica no local que funcionou até 1995. Segundo um estudo realizado pela prefeitura com 181 moradores do bairro, que passaram por exames médicos, 59 apresentaram tumores hepáticos e de tireóide. Já das 50 crianças que passaram por exames, 27 apresentaram contaminação crônica por organoclorados e metais pesados. Nesse caso, a empresa decidiu comprar as 66 propriedades rurais que compunham o bairro, pois alegou querer evitar que a população entrasse em pânico. Atualmente, cerca de metade das casas e terrenos foi comprada e a outra metade está em negociação. A empresa assumiu o ônus ambiental em 1994, mas afirma que não é responsável pela contaminação dos moradores.

Outro aspecto foi a conclusão de que a construção e a operação de poços de abastecimento d'água, próximos a fossas em zonas urbanas e rurais, podem levar à contaminação da água por patogênicos gerais e substâncias orgânicas diversas, transmitindo doenças a quem utiliza e consome a água. A Organização Pan-americana de Saúde – OPAS – recomenda que essas fossas devam ser construídas a uma distância mínima de 20 metros, ou ainda mais, dependendo das condições intrínsecas do aqüífero, em especial a possível permeabilidade do terreno, sendo isso bem difícil de ser efetuado, pois, nas periferias das grandes cidades, o favelamento reduz o espaço útil dos quintais dos casebres, sendo seus habitantes levados a construir a fossa e a cavar o poço praticamente lado a lado.

Agrotóxicos e Fertilizantes

Verifica-se hoje que resíduos de agrotóxicos são encontrados em animais domésticos e seres humanos que utilizaram águas subterrâneas contaminadas por esses agentes. A descoberta aponta que a contaminação resultou tanto de substâncias aplicadas incorretamente na plantação como oriunda de embalagens enterradas com resíduos de defensivos agrícolas. Em ambos os casos houve a infiltração e o acesso dos agrotóxicos aos aqüíferos. O uso indevido de fertilizantes também afeta as águas subterrâneas. Substâncias fosforadas e nitrogenadas, que provocam a doença azul em crianças, podem acessar os sistemas aqüíferos, com a desvantagem de que são de difícil remoção.

Na região de Novo Horizonte, em São Paulo, centro produtor de cana-de-açúcar, a aplicação de vinhaça resultante da destilação do álcool como fertilizante provocou a elevação do pH (índice de acidez) e conseqüente remoção do alumínio e ferro do solo, que foram se misturar às águas subterrâneas. Os aqüíferos também são contaminados pela disposição irregular de efluentes de curtumes no solo. Os resíduos de curtume dispostos no solo provocam a entrada de cromo 6 (dois estados de oxidação Cr^{+3} e Cr^{+6}) e de organoclorados, afetando a qualidade dos lençóis subterrâneos.

Rejeitos e Aterros Industriais

As águas subterrâneas de Cubatão, em São Paulo, considerada a cidade mais poluída do Brasil, não podiam escapar à ação dos contaminantes. Uma técnica da Cetesb, a agência ambiental do governo paulista, diz que aterros não controlados por indústrias químicas da região resultaram em mortes por contaminação carcinogênica até no leite materno. No caso de Cubatão, os agentes contaminantes foram bifenilas policloradas (PCB), cujos rejeitos, depositados no solo sem qualquer tratamento, se infiltraram e danificaram as águas subterrâneas. Pode-se com isso verificar como as indústrias poluem ainda mais as águas. Os PCBs são conhecidos como askarel, um material isolante utilizado em transformadores, que o mundo já não mais produz, mas que ainda possui representantes esquecidos em vários locais pelo Planeta. Uma grande empresa nacional foi multada em 2004 e obrigada a recuperar o rio Cubatão, pois, ao terceirizar uma obra, o lodo químico no leito do rio foi movimentado, matando uma grande quantidade de peixes. Pergunta: por que o governo paulista não deu tratamento ao problema anteriormente?

A Importância da Constância no Ciclo

A maior parte da superfície da Terra (70%) é coberta pela água dos oceanos. O ciclo da água na Natureza é indispensável à vida e sua maior ou menor abundância é determinante para a configuração dos ecossistemas. As águas também são o destino final de quase toda a poluição do meio ambiente. São esses e vários outros fatores que contribuem para a poluição das águas em todo o Brasil. Podemos observar que as águas captadas através de chuvas não encerram em si essa exorbitante quantidade de contaminantes que as águas de rios, lagos e poços possuem, devido à poluição do solo. Mesmo as águas evaporadas que culminarão em chuvas sofrem uma perda, senão total, significativa de seus poluentes, o que as posicionam em um patamar de maior qualidade do que outras captadas, cuja origem não é a das chuvas. As chuvas, como sabemos, são importantíssimas para a recuperação dos aqüíferos dinâmicos. Como observamos no episódio das águas "purificadas", ela favorece a recuperação do volume, para que teoricamente possamos nos utilizar indefinidamente desse bem indispensável. Mas o que vem ocorrendo por causa do desequilíbrio e por mau uso dos sistemas hídricos é que as chuvas não estão precipitando em locais estratégicos, e as construções das megalópoles não estão permitindo que as águas percolem pela terra e cheguem até os aqüíferos, o que também pode provocar o *dry river*, que, por sua vez, infere negativamente nos oceanos na sua salinidade. Obs.: Muito embora as águas da chuva, dependendo do tipo de poluente atmosférico, poderá carrear o "TFA – ácido trifluoracético" (CF_3-COOH), que segundo alguns cientistas, poderá inibir o crescimento das plantas. (O AIA – Ácido Indol-Acético, estimula o crescimento.)

$$\text{(estrutura: indol)} - CH_2 - \overset{\overset{O}{\|}}{C} - OH \quad \text{AIA}$$

Temos uma outra saída que está sendo ventilada, porque, além do episódio das Três Gargantas, um volume muito grande não está voltando para abastecer locais-chave, como aqüíferos, por exemplo. A implementação de uma experiência com sais de ferro que foi elaborada a princípio para o controle da temperatura da Terra poderá ser desdobrada em favorecimento de um problema tão grave e correlato que é a ausência de chuvas (água). Ao inserirmos sulfato de ferro II ($FeSO_4$) em uma determinada extensão do oceano, os subsídios aumentarão, para a sobrevivência do plâncton, que utiliza em especial esse metal em seu metabolismo. Com esse advento, espera-se aumentar a quantidade do plâncton, que possui uma característica fundamental, ou seja, a absorção do CO_2 atmosférico, um dos gases do efeito estufa de maior proporção. Assim, ao serem reduzidas as concentrações desse gás, espera-se que a temperatura se estabilize e que até possa ocorrer um decréscimo. Porém, o fato importante que é aplicável no caso específico é que o plâncton produz também dimetilssulfeto (CH_3-S-CH_3), uma substância que corrobora com a produção de nuvens, e, conseqüentemente, ocorrendo a precipitação com maior intensidade nas áreas específicas, onde já se registra um déficit quanto ao retorno da água para a terra e mesmo para os oceanos (locais específicos). O aumento do gradiente de concentração do sal em questão poderá, devido à complexidade dos ecossistemas marinhos, aumentar a população de outros seres microscópicos que poderão consumir ainda mais oxigênio das águas. Estudos estão sendo realizados pelo Woods Hole Oceanograph Institute, para medir com acuidade a relação custo-benefício desse adendo. Embora as soluções apresentadas tenham características duais, a resolução de um problema tão complexo como o da precipitação em áreas ideais pode, em um *ranking* de prioridades, ser mais acertada com sua inclusão do que com a estagnação de um processo que se supõe não ser cabalmente equilibrado. Outro indício de certa forma preocupante na manutenção desse "pico de plâncton" é a rápida degeneração desse sal, o que acarretaria um decréscimo em níveis basais do número de indivíduos. Com isso, os supostos seres aeróbicos microscópicos, que surgiram pela multiplicação do plâncton, estariam, em tese, em cadeia com a tendência das águas de aumentar ou deixar seus solutos em concentrações padrões. Configurada a situação, a tendência natural e com maior probabilidade de ser instituída é aquela que possa resolver dois problemas com uma única entropia não natural quanto à sua concentração. Ainda sob o ponto de vista do possível maior consumo de O_2, não apresentaria um problema, visto que, com o aumento da população do plâncton, o aumento fotossintético também ocorreria.

O problema das chuvas em locais apropriados em épocas corretas pôde ser muito bem evidenciado na 16ª Copa do Mundo, realizada no Japão e na Coréia. Os organizadores do evento, supondo as monções, anteciparam o calendário para maio, sabendo que as chuvas poderiam, mesmo com essa antecipação, interferir desfavoravelmente na competição. E o que se observou? Raras foram as chuvas. Dos sete jogos disputados pelo Brasil, apenas um deles ocorreu sob chuvas, um dado importante que nos leva a pensar sobre a sua escassez, em locais específicos no ciclo hidrológico.

Outras indagações me fustigam a mente. Caso a emissão em excesso de CO_2 não se reduza ou estabilize, os oceanos se tornarão impróprios para muitos seres que sofrem com variações apreciáveis nas concentrações salinas. No equilíbrio do sistema ácido-base $CO_2 + H_2O \leftrightarrows H_2CO_3$ (ácido carbônico) $H_2CO_3 \rightarrow H^+ + HCO_3^{-1}$ diminuição do pH. O protocolo de Kyoto não foi respeitado pelos Estados Unidos, o país mais poluidor do mundo em vias de emissão de gás carbônico. Caso as concentrações desse gás continuem nessa escala sem precedentes, creio que nem todas as jazidas de ferro do mundo (na forma de sulfatos) serão suficientes para a megaprodução anômala de plâncton que se destina ser um obstáculo biológico no excedente do gás. O que podemos verificar nessa simples analogia é que precisamos nos refrear quanto à emissão do gás em questão, pois, caso contrário, será deflagrada mudança tão contundente que os ciclos hidrológicos não serão mais obedecidos, deixando-nos à mercê da própria sorte, torcendo de forma intensa para que fenômenos conjuntos de seca e inundações não ocorram, provocando outros efeitos, sinérgicos, nocivos aos ecossistemas. Essa consideração foi inserida nesse trabalho por contextualizar um padrão de ação que utiliza meios naturais num ambiente que, embora possa desenvolver uma sinergia cuja parca amplitude e seu impacto não chegam a ser classificados como negativos, utilizam um produto que tem com o meio uma relação sem reações secundárias importantes, devido ao grupo específico dessa função química inorgânica (sal).

O ciclo hidrológico será um adendo a ser considerado, pois teremos considerações de um *expert* no assunto, o que dará mais base para analogias sobre o tema. As considerações a seguir também são evidências importantes que nos municiam para analogias significativas, as quais um *insight* pode de forma positiva dar a solução a problemas críticos para toda a família humana. Na figura da página seguinte pode ser observado como o ciclo é estabelecido, o que atesta a veracidade das analogias posteriores.

Devido às grandes metrópoles construídas para abrigar as miríades e miríades de pessoas que em sua grande maioria pertencem ao fenômeno do êxodo rural, as águas pluviais não estão voltando para os rios e, conseqüentemente, para o mar. Com isso, o processo de aumento de salinidade dos oceanos tenderá a um incremento significativo. A salinidade nos oceanos varia em torno de 32 a 37mg/L, embora normal-

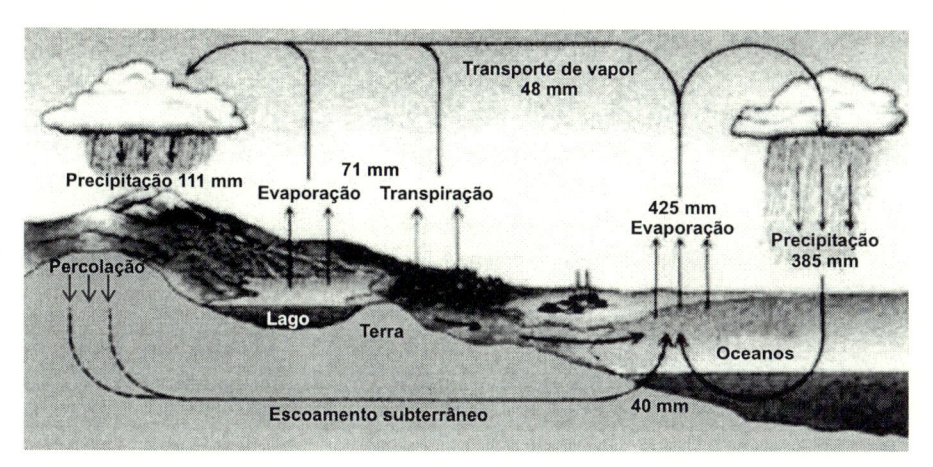

A REUTILIZAÇÃO DA ÁGUA – MAIS UMA CHANCE PARA NÓS 59

Ciclo hidrológico.

mente as diferenças sejam inferiores a 1,5 (taxa de variação). Altos valores de salinidade são encontrados em alguns mares fechados em latitudes médias, onde a evaporação é muito maior do que a precipitação. Como exemplo posso citar o Mar Mediterrâneo, com salinidade de 37 a 39mg/L e o Mar Vermelho com 40 a 41mg/L. O Mar Morto possui uma salinidade acima das concentrações indicadas anteriormente, tanto é que, no ano de 2004, Israel tinha um projeto de 1 bilhão de dólares para carrear água do Mar Vermelho até o Mar Morto, para aumentar seu volume e diminuir sua salinidade. A distância a ser percorrida pelo corredor que levará a valiosa água terá uma extensão de 200 km. Esse esforço, ao que parece, é para preservar também o rio Jordão, comum a Israel e à Jordânia. Todos esses fenômenos são oriundos de visão retrógrada e de governos e empresas, como já mencionei exaustivamente, compromissados com o poder econômico. Pergunta: caso Israel e a Jordânia desenvolvessem projetos ambientais para mitigar tais fenômenos, o valor gasto alcançaria tal expressiva cifra?

A urbanização também é impactante e, segundo um estudo realizado na Eslováquia por Michal Krävcik, reduz drasticamente o retorno das águas para os aqüíferos e conseqüentemente para os rios. Para ser mais abrangente ainda, embora alguns termos se repitam, em oceanografia existe o termo *run-off*, que traduz a quantidade de toda a água oriunda do continente na forma de chuva, rios e do lençol freático que volta para o mar. Com esse fenômeno obliterado, a salinidade pode crescer em níveis assustadores, gerando outros Mares Mortos pela Terra, sem vida, o que representa menos alimentos para a humanidade. Associada a isso, uma sinergia poderá ser registrada, pois existe a evaporação natural das águas oceânicas que, por si só, aumenta a concentração de sal em pelo menos 1,5mg/L (1,5 ppm – parte por milhão). Esse fenômeno ainda é mais intenso nos trópicos, devido a ser o gradiente calorífico mais intenso em conseqüência de maior incidência dos raios solares.

Em águas costeiras, o *run-off* pode diminuir a salinidade superficial, sendo essas variações muitos maiores do que as variações dos oceanos.

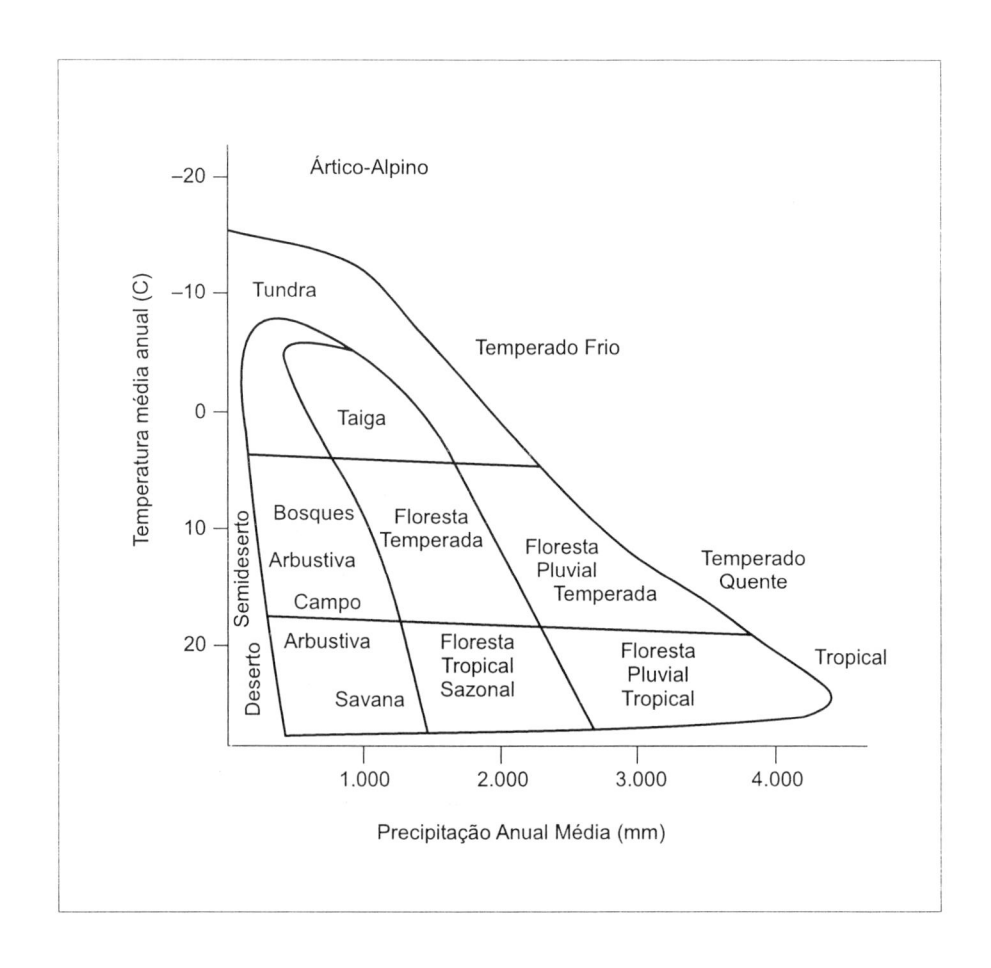

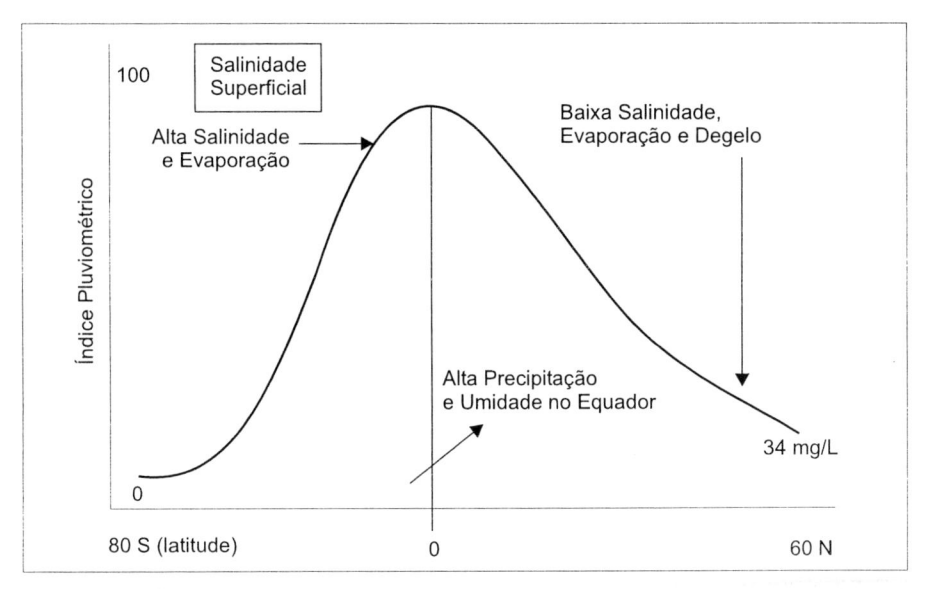

A REUTILIZAÇÃO DA ÁGUA – MAIS UMA CHANCE PARA NÓS   61

[Gráfico: eixo Y "Índice Pluviométrico" (0 a 100), eixo X "latitude" (80 S, 0, 60 N). Curva com pico próximo ao Equador. Anotações: "Salinidade Superficial", "Alta Salinidade e Evaporação", "Baixa Salinidade, Evaporação e Degelo", "Alta Precipitação e Umidade no Equador", "34 mg/L".]

O degelo é o principal fator da concentração salina em mares localizados em altas latitudes. O gráfico indica exclusivamente, a alta salinidade devido a evaporação com alta precipitação no Equador, bem como o degelo e a baixa salinidade nas latitudes altas.

    Como vemos, as implicações podem ser muitas, mesmo não sendo contempladas nesse momento. Com o aumento da salinidade dos oceanos, o processo de dessalinização se tornará mais caro, transformando o produto final (água para beber) por demais caro, o que fará com que mais uma vez grande parcela da população não tenha acesso, seja em qual país for. Isso favorece, como vimos anteriormente, a indústria da água, que utiliza água da bica que o povo compra pensando ser mineral da fonte (isso começa a ser mudado).

    Você sabia que existem gigantescos bolsões de PVC arrastando pelos oceanos colossais volumes de água? Tem idéia que muitos navios considerados superpetroleiros na realidade estão carregando água? A princípio, jamais imaginaríamos que alguém tivesse desenvolvido alguma coisa como as "medusas". Através de literaturas e contatos com entidades internacionais, ganhamos informações de grande relevância e assim podemos desenvolver em nós o senso crítico para os problemas relacionados com a água. Podemos analisar as intenções verdadeiras dos homens e alguns de seus inventos. Será que as "medusas" foram desenvolvidas para praticar o amor fraternal, levando água doce para locais que se encontram secos, ou será mais uma arapuca de grandes corporações, governos e gente gananciosa para surrupiar esse bem ímpar? As considerações que serão apresentadas a seguir darão um bom embasamento para que se possam estabelecer conclusões abalizadas:

"Hoje, para que se evite a superexploração de lagos e aqüíferos, foi desenvolvida uma tecnologia denominada 'medusas', para o transporte de água doce onde se faça necessário. Uma espécie de bolsa de combustível foi desenvolvida na guerra, mas deixava um rastro muito grande, além de sofrer muito atrito, e, para tempos de conflito, não era uma boa idéia. James Cran, que havia chegado à mesma idéia independentemente mais ou menos na mesma época, chamou sua invenção de 'bolsões de Medusa'. Seu modelo era uma 'água-viva'. Elas não rabeiam como os antigos bolsões de combustível. Deslizam serenamente pelas águas e quase nunca são afetados pelas tempestades. Mas as primeiras medusas não tiveram o sucesso esperado. A idéia original era simplesmente fazer uma grande bolsa de poliéster ou de *nylon*, uma trama de alta extensibilidade feita de poliéster plastificada com uma camada de PVC (cloreto de polivinila) de ambos os lados. Fizeram um protótipo de 5 mil toneladas e o desdobraram no Canal de Howe, ao largo de Vancouver, onde sem demora arrancaram a frente de um rebocador, provando que eles ainda tinham o que aprender. O projeto foi refeito, colocando cinturões de tecidos, mais ou menos a cada metro, para distribuir a tração longitudinal. De repente, surgiu a idéia de camisinhas. Ora, o que tinha a ver com camisinhas, e ainda onduladas? Há certas mulheres que preferem – falo em relação à hidrodinâmica. Fizeram então um modelo de látex com 10 metros de comprimento – o que seriam as tais 'camisinhas grandes' – e descobriram algo interessante. Quando rebocado na água, este modelo não era nem um pouco afetado pelo movimento das ondas. Os movimentos simplesmente continuavam através da bolsa e de seu conteúdo – afinal, era só água, como o oceano, com quase a mesma densidade. Para rebocar medusas gigantescas, a velocidade era em torno de 2 nós, o que, inclusive, é a velocidade recomendada pelos engenheiros hidráulicos, que consideram ser a melhor para transportar água em tubulações.

Rejeitado na Califórnia, Cran foi para Israel e, por meio de contatos, chegou até Shimon Peres, um homem que adorava unir as coisas. Essa idéia parecia ser a resposta para levar água da Turquia, que tem águas cristalinas como na Escócia, para Israel, mas, por motivos políticos, parece não ter sido concretizado(?). Talvez, com essa tecnologia, possamos evitar desastres como normalmente temos visto nos noticiários, como a diminuição substancial da superfície de lagos, o que gerarão, com certeza, maiores animosidades em regiões historicamente belicosas" (*Água*, de Marq De Villiers).

"No momento, a tecnologia da 'bolsa de água' ainda está em sua primeira fase de desenvolvimento e ninguém pode estar seguro que provará ser econômica e ecologicamente viável. Apesar de governos como a Turquia terem expressado grande interesse no fornecimento de 'bolsas de água', mais investimentos de capital são necessários antes de a tecnologia poder ser desenvolvida suficientemente para se tornar uma substituta satisfatória para os supernavios-tanque. Como meio de fornecimento de água em grande volume, as 'bolsas de água' são um grande negócio além de serem mais seguras do que os supernavios-tanque, mas isso não as torna necessariamente ecologicamente seguras. Enquanto a própria água doce for extraída de seu local natural, haverá repercussões ambientais negativas" (www – rede mundial de computadores).

Enquanto as tecnologias estão sendo testadas, os cornucopianos estão exalando confiança, mas, quando se observam os grandes lagos e mares secando ano após ano, os malthusianos acreditam que, como o problema do crescimento populacional e a produção de alimentos não estão alinhados, visto ser a água fundamental para a irrigação, quem estará apresentando a verdade? A resposta para essa pergunta, na verdade, independe de qual teoria as pessoas abracem. Mudanças estão acontecendo e isso é flagrante e ao mesmo tempo preocupante, mas também vemos tecnologias serem aplicadas para reduzir a dependência de água para a produção de alimentos. Israel está muito próximo de dominar uma técnica pueril que utiliza o *laser* para reduzir o volume de água. Mas o Mar de Aral, o quarto maior mar fechado do Planeta, assim como o Mar Negro e agora o Mar Morto, começam a modificar e a diminuir drasticamente. Para dar mais subsídios a uma análise ainda mais acurada, os relatos que se seguirão são baseados não em hipóteses e por esse motivo serão imprescindíveis:

A Água e o Paradoxo

"A disponibilidade dos parcos recursos hídricos já é observada em muitos países pelo mundo e, como vimos, os problemas relacionados com a sua falta são geradores de intrincados processos e de difíceis resoluções. Apesar de Saddam ter utilizado uma técnica sofisticada de dessalinização da água, o Sr. Khadafi ter empreendido um estudo que resultou na descoberta de um imenso aqüífero sob a subsaariana (Namíbia), a China estar fazendo uma obra faraônica no Yang-Tsé, conhecido como as Três Gargantas, o Reno estar parcialmente recuperado e os rios da América do Sul estarem sendo utilizados para sobrevivência e para a navegação fluvial, Israel estar utilizando técnicas que uniformizam a terra para agricultura com uma pueril técnica que emprega o *laser*, que visa à minimização extrema do uso da água e um sem-fim de exemplificações que poderia citar até à exaustão, ocorre paralelo a essa escassez o perigo de cidades costeiras desaparecerem devido ao degelo do *permafrost*, que afinal de contas não é tão permanente assim.

A geleira Atabasca, da Colúmbia Britânica, retraiu 2km em 100 anos, e essa velocidade está aumentando. No interior do Alasca, o descongelamento da camada permanentemente congelada do subsolo causou o que foi chamado de 'florestas bêbadas', as árvores se inclinando à medida que o solo cede, e, mais recentemente e alarmante: algumas das maiores plataformas de gelo da Antártica subitamente diminuíram. Em março de 1998, por exemplo, a plataforma de gelo Larsen B perdeu abruptamente um bloco de 200km^2, que caiu no mar, o que levou os cientistas do US National Snow and Ice Data Center a dizer que 'isto é o começo do fim'. Essa previsão poderia parecer exagerada, não fosse o fato de que a plataforma Larsen A, com todos os seus 1.300km^2, ter se desintegrado inteiramente em 1995. Toda essa água, infelizmente, não pode ser 'puxada' quando ainda em forma de *icebergs*, pois derrete no trajeto e mais uma vez a tecnologia pesada não funcionou para um caso aparentemente tão simples, mesmo o homem sendo dotado de espírito recalcitrante. Para estabelecer uma visão comparativa com o intuito de demonstrar na prática o que digo, poderão analisar no que está se transformando o mar de Aral e o lago Chade e em seguida uma visão com uma pitada apocalíptica: desertificação, redução do volume das águas, aumento de temperatura naquela região (por redução drástica da evaporação, com conseqüente diminuição de chuvas) e demais considerações que o observador poderá estabelecer de forma análoga ao problema.

As fotos tiradas por satélites (seja qual for a natureza deles) nos concedem uma valiosa ferramenta para uma análise mais acurada dos acontecimentos, que, diga-se de passagem, são um tanto aterradoras (Ilhas Maldivas e outras terras sumirão, pelo aumento do volume das águas).

A REUTILIZAÇÃO DA ÁGUA – MAIS UMA CHANCE PARA NÓS 65

Degelo importante registrado na Antártica.

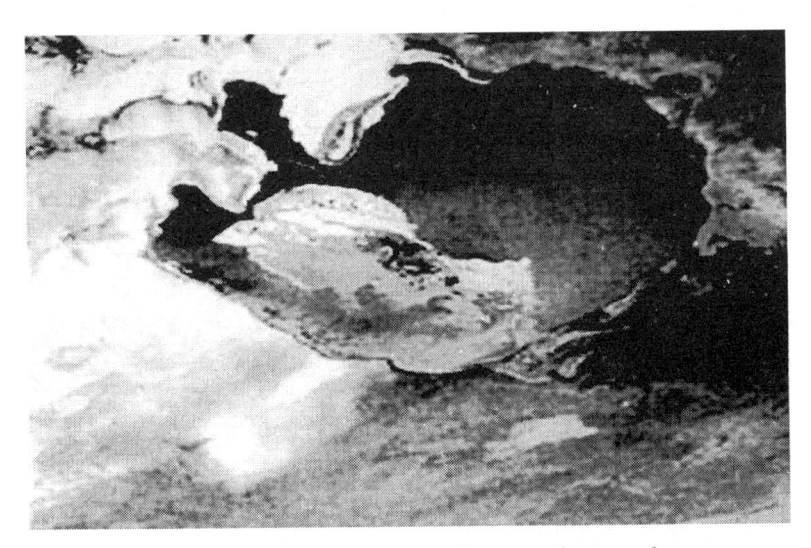

Retrações importantes em alguns mares e lagos pelo mundo.

A destruição do lago Chade (foto anterior) segue o mesmo padrão da desertificação do mar de Aral, na Ásia Central, que se reduziu à metade desde 1960.

O mar de Aral era o quarto maior mar interior da Terra, ficando extremamente salino devido à inobservância dos limites do desenvolvimento sustentável (o Clube de Roma, em seu trabalho intitulado *Os Limites do Crescimento*, já acenava em relação a esse problema). Outros lugares também demonstram estar em falência, o que nos mostra que, apesar dos esforços no mundo inteiro no que diz respeito a criar uma sinergia positiva quanto à economia e à reutilização racional da água, ainda são maioria absoluta os grupos que não se apercebem do dano irreversível que estão causando a lagoas, lagos, rios e mares por todos os países. Uma verdadeira mortandade é verificada. E, devido ser o acontecimento cíclico, as pessoas tendem a ficar insensíveis e ao mesmo tempo desalentadas quanto a uma melhora que interrompa esse processo contínuo.

Apenas uma pergunta atormenta minha mente: Quando será nossa vez?

Tal visão avassaladora nos imputa responsabilidades, não só quanto a nós e nossas famílias, mas como a toda sociedade humana. Fugir ou transferi-las apenas nos isenta de sermos encarados como cidadãos do mundo conscientes, e isso não desejamos. Antenados com a realidade metamórfica que está presente e, o pior, sem ser apenas uma metáfora paradoxal o ditado "morreu como um peixe fora d'água", esse desastre está embutido no cenário antiambiental que promovem a todo instante.

Esse extermínio de peixes não é exclusividade brasileira – nota-se essa mortandade de osteíctes (peixes ósseos) no Huang-Ho, Hi e até mesmo no Yang-Tsé, todos rios chineses. Esse opróbrio contra esses seres, incluídos no processo ambiental, também é visto em vários outros rios. Seja o Volga, Reno (salvo pelo gongo – vide a crise do salmão do Atlântico), Tigre, Eufrates e outros agonizantes. Hoje há dois rios em condições ainda saudáveis: o rio Congo e o Amazonas.

O Mar Negro, outrora diáfano, está sendo incluso na lista de poluídos e moribundos e, para se abrir um diálogo ecológico com ele, precisaremos não de ambientalistas, mas de necromantes. Essas evidências são irrefutáveis, o que mostra que grande quantidade de alimentos que precisamos e que vêm dos mares pode estar fadada ao extermínio ou a estar imensamente poluída. Como a poluição está ocorrendo em maior ou menor intensidade em todo o globo, a qualidade dos nutrientes que

Provável hipóxia, causada por agentes químicos ou eutrofização.

são carreados pelo fenômeno da ressurgência deve estar comprometida com a presença de substâncias prejudiciais aos seres marinhos e a quem os consumir (biomagnificação).

Antes de falar de modo específico sobre o fenômeno da ressurgência, é sensato expor alguns problemas que são fatores primordiais que impedirão direta ou indiretamente em uma das mais importantes produções de alimentos para o mundo. O derrame indiscriminado de óleo formando uma imensa mancha, às vezes por quilômetros, impede que os raios solares interajam com seres fotossintetizantes (algas, normalmente as verdes), que são importantes para elas e para os demais em alguma teia alimentar ali estabelecida. A absorção de oxigênio pela superfície dos mares também fica extremamente prejudicada, devido a esse filme impedir esse contato direto. Com isso, esses hidrocarbonetos (nesse caso, óleos) aderem às guelras e brânquias, impedindo a absorção satisfatória de O_2, o que inevitavelmente os leva à morte. Outros aspectos inquietantes em relação à fotossíntese são substâncias caracterizadas como herbicidas, onde, no ciclo da água, precipitações importantes ocorrem sobre os oceanos.

DDT – uma das inúmeras estruturas amplamente utilizadas é altamente tóxica.

Estamos melhorando nossos alimentos ao nos livrarmos de pragas da agricultura apenas ou tornando cada vez mais críticas as investidas agressoras ao meio ambiente?

Como a água está impregnada com essas substâncias da agricultura, elas percolam e chegam até aos aqüíferos que serão utilizados, podendo gerar uma série de situações nocivas (alimentam rios (vice-versa) e, conseqüentemente, desembocam nos mares). Esse mecanismo pode, mais cedo ou mais tarde, afetar ecossistemas marinhos como nas zonas de ressurgência, de extrema importância para a pesca. A água que precipita nos continentes pode tomar vários destinos. Uma parte é devolvida diretamente à atmosfera por evaporação; a outra origina escoamento à superfície do terreno, escoamento superficial, que se concentra em sulcos, cuja reunião dá lugar aos cursos de água. A parte restante infiltra-se, isto é, penetra no interior do solo, subdividindo-se numa parcela que se acumula na sua parte superior e pode voltar à atmosfera por evapotranspiração e noutra que caminha em profundidade até atingir os lençóis aqüíferos (ou simplesmente aqüíferos), e vai constituir o escoamento subterrâneo. Tanto o escoamento superficial como o escoamento subterrâneo vão alimentar os cursos de água que deságuam nos lagos e nos oceanos (os rios costumam desaguar nos oceanos), ou vão alimentar diretamente estes últimos.

A REUTILIZAÇÃO DA ÁGUA – MAIS UMA CHANCE PARA NÓS 69

As águas da Antártica se revelam de imensurável importância. Tais águas gélidas tendem ir para o fundo graças à sua maior densidade. Com elas, nutrientes importantes viajam como o plâncton, e demais organismos. Conhecidas como "águas de mergulho", por viajarem pelo fundo, afloram devido a se misturarem com águas mais quentes. Assim, trazem à tona toneladas de zooplâncton, um crustáceo muito semelhante ao camarão, que é gastronomicamente apreciado por inúmeros peixes e baleias. Esse fenômeno faz com que a corrente de Humboldt, ao passar pelo Peru, se transforme em uma das maiores zonas pesqueiras do mundo (no Brasil, Rio de Janeiro, a zona de ressurgência acontece em Arraial do Cabo – Cabo Frio).

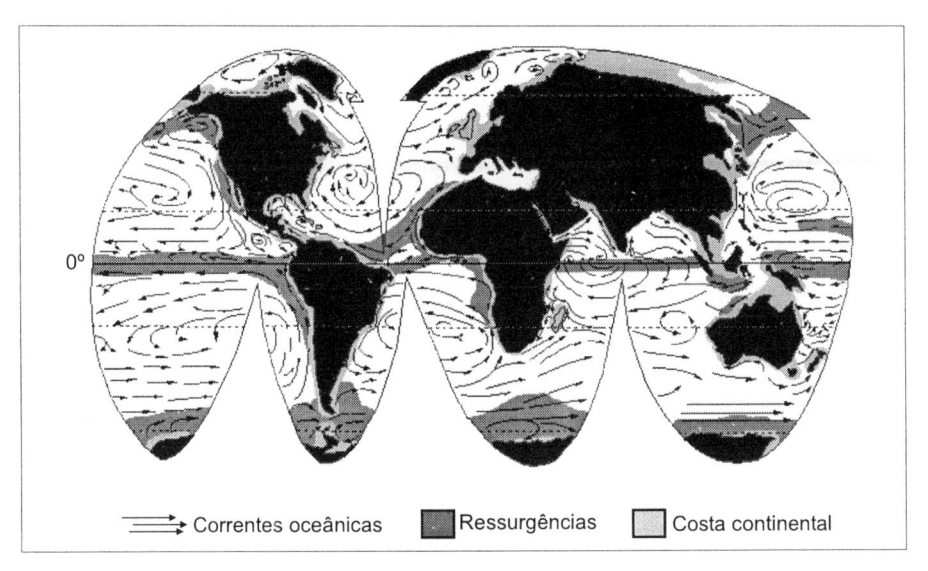

Movimento e sentido das correntes.

Mas, o que podemos prever quanto à integridade das águas oceânicas com o abusivo material particulado oriundo de várias gêneses que é despejado nos oceanos e mares?

Uma denunciadora foto de satélite da NASA mostra claramente uma severa poluição da indústria petroquímica, afetando de forma assassina o rio Mississipi e, conseqüentemente, o golfo do México. Vejamos os resultados:

1. Abundância de alimentos ⎯⎯→ haverá migração de peixes para a região analisada. Os peixes serão devidamente alimentados, o que acarretará reprodução e pesca a contento.

2. Poluição das águas ⎯⎯→ agirá como uma barreira e os peixes não serão atraídos para o banquete, uma vez que esses nutrientes se encontram modificados pela ação destrutiva das inúmeras substâncias indesejáveis inseridas na cadeia alimentar (mesmo assim, haverá os que utilizarão tais nutrientes, gerando acúmulo de substâncias perigosas nos tecidos). Teremos em nossas mãos uma segunda minamata com dimensões gigantescas?

Como informação adicional, mas de caráter fundamental, segue o relato de que, devido à progressão de criação em pastagens, os oceanos têm sido influenciados de forma lamentável.

Naturalmente, com o crescimento populacional – o número atual de mais de 6 bilhões de pessoas deverá chegar a 10 bilhões até o fim do século XXI –, a produção de alimentos terá de sofrer um significativo aumento, e todos os segmentos, seja o de matéria-prima ou o que é industrializado, deverão praticamente dobrar as quantidades produzidas. O problema que vou ressaltar se foca nas pastagens, onde milhares e às vezes milhões de cabeças de gado espalham seus excrementos, gerando gases como o metano* (CH_4), um dos causadores do efeito estufa. "Fazendas de grande porte criam animais em massa, confinando-os em cocheiras abarrotadas e em celeiros com estilo de galpão. O esterco produzido é 130 vezes a quantidade de resíduo humano produzido nos Estados Unidos. O Texas, sozinho, cria 280 bilhões de libras (127 bilhões de quilos) anualmente. Está na proporção de 18 quilos por habitante"!!! (www).

Além do gás do efeito estufa, outros 400 compostos voláteis diferentes e perigosos são lançados na atmosfera. As fezes animais são armazenadas em milhões de galões na forma liquidificada, em lagunas abertas. Tais resíduos, misturados com antibióticos, deslocam-se para a água de superfície e para a água subterrânea em quantidades enormes. A quantidade de nitrogênio na água fica acima do limite seguro, que, por substituição do oxigênio na água, causa hipoxia nos peixes. "Um exemplo trágico foi o derramamento de 380 mil litros nos EUA, matando 700 mil peixes" (www). O resultado desse episódio fatídico foi a criação de uma zona morta de 18 mil quilômetros quadrados, onde nenhuma espécie consegue sobreviver.

Não há necessidade de ficarmos semelhantes a Malthus e suas descrições tremendamente negativistas – os exemplos já são mais que suficientes e falam por si sós.

Não é um requisito obrigatório ser um hidrólogo para saber que a água se torna cada vez mais escassa e a dificuldade de torná-la potável vem se transformando em um desalento. Incremento de substâncias químicas de modo exacerbado tem modificado a água quanto à sua definição de insípida, inodora e incolor. A *Carta da Terra*, onde foram tecidas várias iniciativas que buscam determinar princípios éticos fundamentais visando a uma conscientização mundial quanto à sustentabilidade da vida no Planeta será mais uma arma sem ogiva?

Ações antrópicas impensadas ou não-holísticas estão impregnando Gaia (biosfera), sufocando seu corpo, o que pode ser traduzido quando vemos um homem doente, ou algum de seus sistemas dando sinal(is) de falência antes de sobrevir a morte. Vemos respostas de Gaia

---

* Um dos gases do efeito estufa e capaz de seqüestrar Bromo e Cloro em reações que envolvem os raios UV.

de forma negativa, podendo ser pontual ou sistêmica. São seus sistemas fraquejando, mas, ao mesmo tempo, servindo de indicativo para que possamos entrar com ações medicamentosas, bem elaboradas, para garantir sua longevidade, e que, por fim, garantiriam a nossa permanência e das futuras gerações na superfície do Planeta.

Não adianta uma economia estabilizada, emprego, carro e uma linda casa se não pudermos ter um planeta habitável que abrigue nossa biologia. A proposta que tenho a fazer seria de grande envergadura: seria um levante social para sanarmos as mazelas de governos que apenas ficam em ciclos irresolutos de uma solução satisfatória. Devemos ter a consciência entre o certo e o errado, modificando atitudes, com ações que nos permitam ainda uma longevidade sobre a Terra. Reivindicar que artigos que sustentem o meio ambiente sejam inclusos em leis, para nosso próprio interesse.

Quando os 10 mandamentos foram escritos, a sociedade humana já era cônscia de que matar, por exemplo, era algo desprezível e que a lei dos homens não aceitaria tal ato. Há certos entendimentos e motivações que já são natos, inerentes ao ser humano. Com o meio ambiente, no caso específico da água, sabemos que é um bem finito e que, se não for bem cuidada, nos deixará à mercê de infortúnios e privações. Será necessário que toda a sociedade se mobilize para que alcancemos uma realidade estável que se traduz na palavra sobrevivência. Escolas, em-

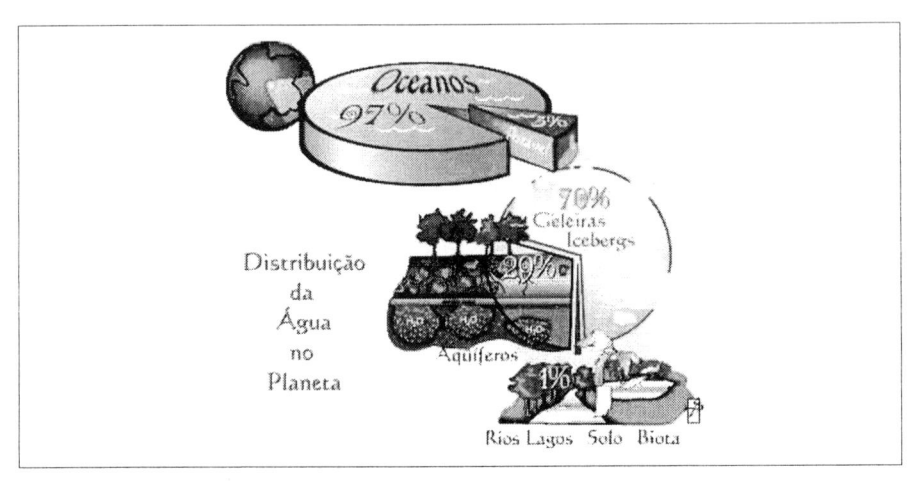

Universidade das Águas na Web.

presas, Igreja, ONGs e os demais deverão se congregar para que em uníssono possamos bradar pela vida, o bem mais precioso, estágio que temos para construir nossos sonhos.

É preocupante saber que apenas 1% da água é aquela que o homem verdadeiramente dispõe para todas as suas atividades. A fome é um dos maiores males da humanidade. Somando-se a isso, como se não bastasse, a distribuição de águas pelo Planeta não é homogênea, o que de certa forma acirra ainda mais os ânimos.

Dados importantes confirmam a grande concentração de recursos hídricos na América Latina, principalmente no Brasil.

A Situação da Água no Mundo

Regiões onde há deficiência de água – desertos.

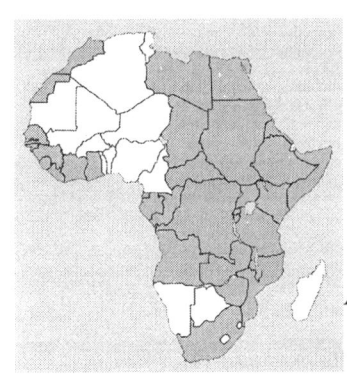

África:
Saara (9.000.000 km^2).
Kalahari (260.000 km^2).

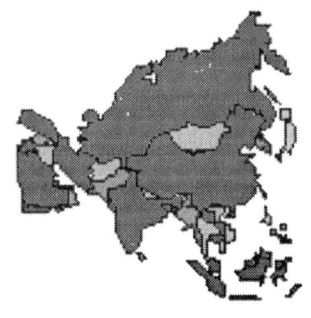

Ásia:
Arábia (225.500 km^2).
Gobi-Mongólia (1.295.000 km^2).

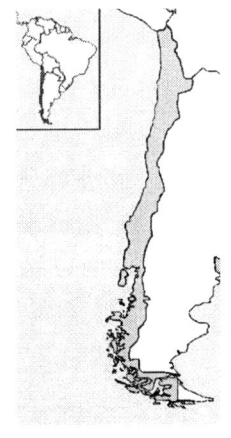

Chile:
Atacama
(78.268 km^2).

Onze países da África e nove do Oriente Médio já não têm água. A situação também é crítica no México, Hungria, Índia, China, Tailândia e Estados Unidos.

Evolução do Uso da Água no Mundo

Consumo Médio de Água no Mundo/Faixa de Renda

Ano	Habitantes	Uso da água m^3/habitante/ano
1940	$2,3 \times 10^9$	400
1990	$5,3 \times 10^9$	800

Fonte: Relatório do Banco Mundial – 1992.

Grupo de renda	Uso da água m^3/habitante/ano
Baixa	386
Média	453
Alta	1.167

Disponibilidade de Água por Habitante/Região (1.000m^3)

Região	1950	1960	1970	1980	2000
África	20,6	16,5	12,7	9,4	5,1
Ásia	9,6	7,9	6,1	5,1	3,3
América Latina	105,0	80,2	61,7	48,8	28,3
Europa	5,9	5,4	4,9	4,4	4,1
América do Norte	37,2	30,2	25,2	21,3	17,5
TOTAL	178,3	140,2	110,6	89,0	58,3

Fonte: N.B. Ayibotele. 1992. The world water: assessing the resource.

Com a franca indicação apontando que é a agricultura que consome as maiores alíquotas de água, a poluição ou o escasseamento influem diretamente sobre o problema que a fome possa causar (vide reunião na África do Sul – Brazzvile – 1976).

Distribuição dos Recursos Hídricos no Mundo (%)

- Agricultura: 70
- Indústria: 22
- Residência: 8

A Situação da Água no Brasil

Seguem tabela e gráfico à frente.

Distribuição dos Recursos Hídricos, da Superfície e da População
(% do total do país)

Região	Recursos Hídricos	Superfície	População
Norte	68,50	45,30	6,98
Centro-Oeste	15,70	18,80	6,41
Sul	6,50	6,80	15,05
Sudeste	6,00	10,80	42,65
Nordeste	3,30	18,30	28,91
TOTAL	**100,0**	**100,0**	**100,0**

Fonte: DNAEE – 1992.

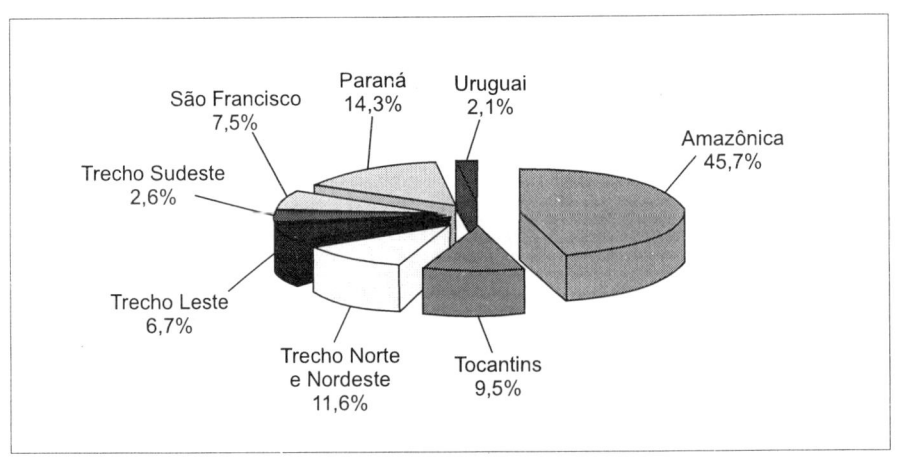

Área das bacias hidrográficas no Brasil (%).

- São Francisco 7,5%
- Paraná 14,3%
- Uruguai 2,1%
- Amazônica 45,7%
- Trecho Sudeste 2,6%
- Trecho Leste 6,7%
- Trecho Norte e Nordeste 11,6%
- Tocantins 9,5%

CAPÍTULO 3

A Água no Espaço Pára ou Gera Crise Aqui na Terra?

Quem poderá garantir o que pensam, desejam e falam os poderosos em relação à penúria do abastecimento de água pelo mundo?
"A situação é crítica", faz admoestação Edgard Wilson em *O Futuro da Vida*, "mas existem sinais encorajadores de que ainda podemos vencer a corrida. A taxa de aumento da população diminuiu; se as tendências atuais se mantiverem, a população mundial deverá se estabilizar entre 8 bilhões e 10 bilhões de pessoas no final do século. Os especialistas nos garantem que é possível assegurar a todas estas pessoas um padrão de vida decente, mas isto não será fácil: a quantidade *per capita* de água e terras aráveis já está diminuindo. Resolvido esse problema, informam outros especialistas, também seria possível salvar a maioria das espécies de plantas e animais."

O panorama sobre a quantidade de água disponível é realmente preocupante, não só para uma microrregião, que podemos observar e que normalmente é objeto de estudo, mas em nível global. A instituição governamental que posso citar de exemplo no momento, a NASA, vasculha nosso sistema solar em busca de água. Isso é uma translúcida demonstração do que poderá acontecer com o colapso sem precedentes no abastecimento. A NASA e a Agência Européia (ESA) vinculam notícias, mas nunca apresentam os fatos em sua íntegra. Mas as evidências apontam que a preocupação alcançou patamares tão expressivos que a corrida espacial de hoje se destina ao mapeamento de mundos com possível potencial hídrico, mesmo que não se apresente na forma líquida. A sonda *Mars Odyssey* nos trouxe notícias que se traduzem em refrigério, visto ter localizado água em Marte. No subsolo marciano existe gelo, e não descartam a possibilidade de existir, também, água no estado líquido. Essa postura me faz refletir sobre o problema e, sem ser precipitado, estabeleço os seguintes critérios:

a) água em Marte significa esperança para a sociedade humana;
b) trazer a água até a Terra demanda tempo e construção de naves-cargueiras que encareceriam por demais o projeto, além de 7 a 9 meses para se chegar;
c) sendo assim, imaginam transportar pessoas para esse planeta a fim de reduzir o volume gasto aqui na Terra.
d) Quais seriam as pessoas que deveriam ser cambiadas para essa incógnita? Eu especularia sobre a possibilidade de enviar (no caso específico dos Estados Unidos) os latinos, negros, homossexuais, toxicômanos (desde que não fossem da *high society*) e membros de algumas religiões que são pedra de tropeço na evolução dos planos dos poderosos, que, mesmo sem saber, querem instaurar o *4º Reich*. Muitos poderão imaginar que tal colocação sobre viagens espaciais, ainda é incipiente, mas com a atual tecnologia os esforços até 2050 ano indicado como um dos gargalos da humanidade, muitas mudanças ocorrerão.

De fato, as suspeitas foram confirmadas através de fotos enviadas para a Terra não pela *Mars Odyssey*, mas pela sonda espacial americana *Mars Global Survivor*. Existe um oceano gelado abaixo da superfície a apenas 1 metro. A seguir está o relato em sua íntegra, o que confere maior veracidade aos fatos relativos ao presente estudo, e a busca frenética por água endossa as considerações mencionadas.

"Como descongelar a água em Marte? Os físicos acreditam que exista calor suficiente no interior de Marte para liquefazer a água. Este calor provém de uma combinação da radioatividade de certos elementos, do resíduo do calor gravitacional produzido quando o planeta se formou a partir de fragmentos menores e da energia gravitacional resultante do afundamento dos elementos mais pesados na flutuação dos elementos mais leves" (observe a semelhança nesse detalhe com o SiMa e o SiAl mais na superfície e o NiFe no interior do nosso Planeta).

Outra candidata a abrigar vida extraterrestre no sistema solar é Europa, a segunda lua mais interna de Júpiter (a primeira é Io). Europa é coberta de gelo; longas fendas e crateras de meteoros parcialmente obliteradas sugerem a existência de um oceano de salmoura ou gelo pastoso abaixo da superfície. Estes indícios são compatíveis com a existência de um calor interno persistente em Europa causado pelo cabo de guerra gravitacional com Júpiter, Io e Calisto. A crosta de gelo principal pode ter 10 km de espessura, mas contém regiões em que o gelo é muito mais fino, na verdade fino o suficiente para dar origem a placas que se movem como *icebergs*. Será que organismos autotróficos parecidos com os SLIME's (*Subsurface Lithoautotrophic Microbial Ecosystems*, ou seja, Ecossistemas Microbianos Litoautotróficos Subsuperficiais) habitam os oceanos de Europa? Será que Marte e Júpiter estão em eras glaciais pelas quais já passamos e que, dentro de alguns milhares de anos, a vida irá brotar graças a essa água teoricamente abundante?

Um enorme mar de gelo está um pouco abaixo da superfície de Marte, pronto para ser explorado, fornecer combustível e, talvez, até água potável a futuros visitantes [*ou segregados*?], segundo disseram cientistas. Também pode haver vida nesse oceano subterrâneo. A descoberta, publicada na revista *Science*, indica ainda para onde foi uma parte da água marciana quando o planeta deixou de ser quente e úmido para se tornar o lugar seco e frio que os cientistas descrevem hoje.

"Há muito mais gelo do que a maioria poderia esperar", disse William Boynton, da Universidade do Arizona, que participou da pesquisa. "O que estamos vendo é que há uma camada de gelo um pouco abaixo da superfície, talvez de um metro", afirmou. Ele especula que a quantidade de água (congelada) equivale ao volume do lago Michigan nos Estados Unidos, os outros quatro lados fazem fronteira com o Canadá. Geologicamente, o lago Huron e o Michigan formam uma única massa de água.

Para Bill Feldman, (como em minha avaliação também), do Laboratório Nacional de Los Alamos, "**a água em Marte é abundante a ponto de permitir a exploração humana**, seja para beber ou para extrair hidrogênio, que é um combustível".

Os cientistas também acham que a descoberta do gelo subterrâneo pode ajudar a explicar o clima e a geologia do planeta vermelho. Ali existem enormes *cannions*, maiores e mais profundos do que qualquer um da Terra, e lugares que parecem antigos leitos de lagos e mares. (Seriam as dorsais que oceanos aqui da Terra possuem?).

A superfície agora é seca e poeirenta, e os pólos são cobertos de dióxido de carbono (CO_2) congelado. Por causa da temperatura média de –53 graus Celsius e da tênue atmosfera, é improvável que ainda haja água líquida. Em algo semelhante poderemos transformar a Terra, com o excesso de gás carbônico sendo enviado para a atmosfera todos os dias.

Os depósitos de gelo foram revelados pela sonda *Odyssey*, que está orbitando o planeta e que foi programada para detectar hidrogênio, um elemento que, junto com o oxigênio, forma a água (vide nossa atmosfera primitiva liberando H_2 e os *masers de hidroxila* que foram descritos no Capítulo 1 do presente trabalho).

Ao analisar a incidência de raios gama e nêutron sobre as partículas do planeta, a sonda determinou fortes evidências de que há hidrogênio um pouco abaixo da superfície. O equipamento examinou uma área entre o Pólo Sul marciano e 45 graus de latitude.

De qualquer forma, os cientistas não esperam que os astronautas bebam a água diretamente, por causa da possível existência de micróbios em estado latente, à espera de um organismo para agir. "A última coisa que queremos é uma guerra de guerrilhas em nossa barriga", disse Jim Garvin, da NASA.

Ainda são necessárias pesquisas complementares para determinar se o hidrogênio achado em Marte realmente formou água, mas os cientistas já estão convencidos disso. "É só a ponta de um *iceberg* subterrâneo", disse Jim Bell, da Universidade Cornell, em um comentário escrito para a *Science*.

Segundo Boyton, as naves enviadas a Marte na década de 70 devem ter perdido o gelo por alguns centímetros, pois uma delas, a *Viking 2*, pousou na região que está sendo estudada agora. "Se ela pudesse ter cavado 1 metro em vez de 10 a 20 centímetros poderia ter encontrado gelo. Não é interessante? Estava provavelmente bem em cima (do gelo) todo o tempo e nunca tivemos a menor idéia do que havia ali", disse Boyton (Maggie Fox – Reuters).

Em vista desse emaranhado de possibilidades iminentes ou não, fazer analogias sobre esse tema é salutar. Em vista disso, repassar tais informações é de interesse geral. Com esse proceder, poderemos fazer despertar idéias que estão estáticas, necessitando apenas de uma pequena contribuição para desfraldar. Nesse momento é que a educação ambiental se mostra como uma ferramenta indispensável à crítica de como proceder e que ações impetrar a fim de mantermos nosso direito de existir inseridos no meio ambiente, usufruindo os recursos naturais e exigindo igualdade de direitos. Essa reivindicação não é um surto, fruto de algum modismo ecológico, mas se traduz em uma verdade palpável sobre as intenções dos poderosos. Essa intenção, por assim dizer, já está tão madura que as pessoas influentes e estudiosas mencionam a escassez de terras aráveis, da energia na abrangência da palavra e da água, centro principal de minha consideração. Cientistas até mesmo utilizam a palavra *radicalizar* para expressar, talvez, uma preocupação particular sobre a colonização do espaço, por uma série de problemas já registrados aqui na boa e velha Terra. Veja o relato extraído de considerações de Edgard Wilson:

"Os recursos da biosfera são limitados; o gargalo pelo qual estamos passando é real. A esta altura, deve ser óbvio, para qualquer um que não esteja em um delírio eufórico, que a capacidade da Terra de sustentar nossa espécie está chegando no limite. Já consumimos 40% da matéria orgânica produzida por plantas verdes. Se todos concordassem em aderir a uma dieta vegetariana, abrindo mão da criação de gado, os atuais 1,4 milhão de hectares de terras aráveis seriam suficientes para sustentar cerca de 10 bilhões de pessoas. Caso os seres humanos usassem toda a energia capturada pela fotossíntese das plantas na terra e no mar, cerca de 40 trilhões de watts, o Planeta poderia sustentar 16 bilhões de pessoas. Muito antes de se atingir esse limite o Planeta se tornaria um lugar extremamente desagradável. Naturalmente, não podemos excluir a possibilidade de que sejam adotadas *soluções radicais*. Exaurindo toda a reserva energética, a Humanidade poderia tornar-se o que os astrobiólogos chamam de civilização do tipo II e usar a energia do Sol para sustentar a vida na Terra e em colônias instaladas em outros planetas."

A água continua sendo a variável central de nossa equação, pois, mesmo com o Sol e a teórica infindável fonte de energia, o que utilizaríamos no lugar dela?

Marte, um planeta com água, mas tão sombrio quanto o descaso.

Apenas supor uma implantação de um embrião da família humana em Marte já causa estranheza, em virtude da aridez visual que podemos vislumbrar nesse planeta antagônico à Terra. O disparate paisagístico irá inexoravelmente deprimir os desafortunados que lá passarem seus dias, o que gerará imensurável insatisfação. A divisão eqüitativa dos direitos e deveres mais uma vez cairá por terra e a revolta ganhará magnitude interplanetária. Afinal, quem, em sã consciência, carimbará livremente seu passaporte estelar?

Nessa visão puramente hipotética, mas com grande potencial em estado de dormência, apenas aguardando a "água" que dispara o processo, será ela justamente o sinal, codificado entre os poderosos, quando emissões de ondas de rádio, ao singrar o plasma, chegarem até nós com um aval positivo, o que dará deferimento para as construções fora de nosso verdadeiro lar e que paralelamente definirá com extrema frieza sobre a sorte de muitos. Em uma análise, em longo prazo, devemos admitir que o transporte de seres humanos para outros mundos, ainda nas primeiras décadas, a partir da descoberta de H_2O em Marte, será objeto de movimentos políticos e sociais, que visam puramente maiores espaços pelo Planeta e o conseqüente maior bem-estar para que as condições possam retornar aos patamares quando a Terra tinha apenas de 6 bilhões a 8 bilhões de pessoas. Mas, com a continuidade, o teórico planeta que servirá como a segunda casa dos seres humanos, por ter condições limitadas em relação ao original planeta natal, também ficará com as vagas esgotadas. E, assim, com a emergente necessidade de expansão, a colônia espacial humana seguirá em busca de novos mundos para que possa abrigar cada vez maior contingente. Isso é inegável, pois o homem, mesmo na Terra, sempre teve o desejo de dominar outros lugares, como infelizmente vimos em várias guerras pelo Planeta em virtude de riquezas, espaços geográficos estratégicos e água. Ou, caso o consenso seja estabelecido, na necessidade premente de uma bem montada estrutura que ensine a forma de redução e policie a quantidade de filhos que cada casal possa gerar. Essa idéia de se controlar a natalidade não é nova, porém original. Com esse advento, poderíamos controlar de forma centrada o número de indivíduos que possam estar na fase biótica, mantendo as condições de uma vida digna para os que estivessem nesse estágio do grande ciclo bioernegético do Planeta. Seja qual for a solução para o aumento desordenado no Planeta Terra, uma forte tendência de nos aventurarmos em outros mundos é uma realidade. Com a formação de núcleos familiares humanos em Marte, por exemplo, a energia que da qual poderíamos dispor seria a solar, e, caso o gradiente de concentração solar não fosse tão alto como na Terra, a busca da energia alternativa seria de suma importância para que essa implantação humana fosse bem-sucedida. Até agora não se tem notícia da existência de petróleo em outro planeta de nosso sistema solar. Sendo assim, qual seria o combustível que usaríamos para as nossas necessidades? Com a crise do petróleo em qualquer dos mundos, a água mais uma vez entra no cenário de forma excepcionalmente importante, pois a disjunção de seus átomos na eletrólise produz combustível e comburente, hidrogênio e oxigênio, respectivamente. "Em 1874, Júlio Verne, o popular escritor de ficção científica, publicou um curioso livro chamado *A Ilha Misteriosa*. O livro descrevia as aventuras de cinco nortistas durante a Guerra Civil Americana, os quais se desviaram de sua rota enquanto fugiam de balão de um acampamento dos confederados. Eles acabaram aterrissando 10 mil quilômetros mais adiante, numa pequena ilha. Um dia, enquanto refletiam sobre o futuro da União, um dos membros do grupo, um marinheiro chamado Pencroft, perguntou ao engenheiro Cyrus Harding o que ocorreria com o comércio e a indústria se a América ficasse sem carvão. O que eles queimariam em lugar do carvão?, perguntou Pencroft. 'Água'!, exclamou Harding, para surpresa de todos. Após isso, Harding passou a explicar. E, em seu encerramento, disse: 'A água será o carvão do futuro'. De fato, a água será sempre peremptória. Essa idéia de se utilizar água como combustível já existe há mais de 80 anos, desde a sua idealização, mas, devido aos custos relativos à tecnologia que se empregava na época, e, mais tarde, com o aparecimento do combustível fóssil, a idéia foi descontinuada" (*A Economia do Hidrogênio*, de Jeremy Rifikin). Não só eu, mas inúmeras pessoas que se dedicam à observação da água e suas interações pelo mundo acreditam que ela será aos poucos a substituta do petróleo, o que irá gerar com certeza menos poluição e menos carbono sendo lançado em estupendas quantidades na atmosfera. Antes da primeira prospecção, que trouxe o ouro negro definitivamente para o seio da sociedade humana, a água era de fundamental importância para a transformação da energia para se realizar trabalho. As engenhocas que foram confeccionadas em forma de rodas, utilizando a energia potencial (Ep) na queda das águas de uma determinada altura, similarmente ao que hoje temos nas hidrelétricas para mover turbinas (de proporções bem diferenciadas) foi uma realidade por muito tempo.

O petróleo roubou a cena, e a água ficou como uma espécie de *stand-by*. Ao aprendermos que esse combustível fóssil, muito mais novo geologicamente do que a água, poderia produzir inúmeras outras substâncias devido à destilação fracionada, o petróleo foi e ainda é para muitas pessoas a panacéia energética do *homo sapiens sapiens*. Mas, além das conseqüências negativas de seu uso, essa massa de hidrocarbonetos é finita, e indubitavelmente teremos de recorrer a outras fontes de energia, como já anteriormente dito muitas vezes. As evidências do escasseamento no país mais esbanjador de energia do tipo fóssil foram os Estados Unidos, na década de 70, onde acusaram ter atingido seu pico produtivo no limite geográfico de seu país. Isso inclusive forçou Henry Kissinger (ex-Secretário de Estado americano) a mostrar que eles precisavam desesperadamente de outros locais para aplacar sua fome energética. Disse ele (*replay*):

"Os países industrializados não poderão viver da maneira como existiram até hoje se não tiverem à sua disposição os recursos naturais não-renováveis do Planeta. Terão que montar um sistema de pressões e constrangimentos garantidores da consecução de seus intentos."

Com esse pensamento norteando as ações, os Estados Unidos procuram e tomam os recursos, utilizando sua máquina de guerra. Mesmo os poços do Oriente Médio, ou os que estão no Cáucaso, terão vida finita, o que faz nossas atenções se voltarem para a necessidade de uma matriz energética substituta.

"Já no início do século XXI, um componente que já tinha sido descoberto pela Real Sociedade de Londres em 1776 voltou como voluntário fornecedor de calor devido ser muito inflamável. O gás em questão é o hidrogênio, sendo que não existe mais na atmosfera. Então, conseguir este precioso gás somente através da também preciosa água. A idéia de se utilizar o hidrogênio como fonte de energia não é nova. Em 1920, o gás estava sendo comercializado e produzido na Europa e América do Norte. A Electrolyser Corporation Limited, do Canadá, liderou o caminho. Eles venderam as primeiras células eletrolíticas comerciais."

Jeremy Rifikin continua sua explanação: "Por uma série de impedimentos na época a eletrólise da água, ou seja, a preparação de seus átomos formando gás, não avançou como se desejava e o petróleo se estabeleceu firmemente como nosso carro-chefe para obtermos energia." Assim, as conseqüências ligadas a essas escolhas são muito bem conhecidas por todos nós. Foram desencadeados problemas de várias ordens, desde os com característica política até os de saúde. Não há um representante sequer, seja branco, negro ou amarelo, que traga para si a responsabilidade da mudança. Ou seja, encarar multinacionais do petróleo é dar um tiro, na melhor das hipóteses, no próprio pé. Mas um sentimento é comum a todos que, como eu, trabalharam ou trabalham em gigantes do petróleo, onde se admite que esta visão está sendo mudada para outras formas de energia, ou seja, de várias naturezas, não só mais o petróleo. É lógico que será(ão) necessária(s) outra(s) fonte(s) de energia para que possamos continuar progredindo como vínhamos até agora. A água é a promissora. O hidrogênio retirado dela para combustível permitiu que a União Soviética em 1988 construísse um avião de passageiros onde utilizaram parcialmente hidrogênio líquido. No mesmo ano, um americano alçou vôo num aeroplano movido com esse mesmo combustível. A Alemanha foi o primeiro país a desenvolver a primeira residência a energia solar, empregando o hidrogênio para armazenar energia durante longos prazos. Vê-se com facilidade que a verdadeira questão, portanto, é determinar se é possível usar formas de energia renováveis e livres de carbono, como a fotovoltaica, a eólica, a hídrica e a geotérmica, para gerar a eletricidade usada no processo eletrolítico de rompimento da água em hidrogênio e oxigênio, pois um se inflama e o outro alimenta a chama, o que gera calor.

Há um senso comum entre os cientistas em se utilizar esse tipo de energia, porém o custo em relação ao da reforma de vapor de gás natural tem de cair, para que fique ainda mais atraente o seu uso. É lamentável que as grandes corporações continuem pensando somente no econômico, pois o gás natural deve acabar por volta do ano 2025, e mais alguns anos com alguma reserva extra que ainda não foi mapeada. Assim sendo, o preço do gás subirá no mercado mundial e o da eletrólise tenderá a cair assustadoramente, se utilizarmos a lei da oferta e da procura. A utilização de miniusinas para o abastecimento do hidrogênio será algo que poderá ser utilizado, e a Internet será uma ferramenta indispensável para o pedido e o cadastro de códigos, a fim de se obter o novo combustível. A economia como a conhecemos deverá sofrer algumas modificações, mas com certeza ainda trará as marcas de tempos atrás. Não é à toa que os japoneses já investiram bilhões de dólares nas pesquisas de hidrogênio do tipo que não envolve a emissão de carbono, ou seja, a eletrólise da água. A água mais uma vez demonstra que é uma substância ímpar na Terra como no espaço, e que será sempre a base da sobrevivência da humanidade.

CAPÍTULO 4

O que Estamos Fazendo nas Empresas

Utilizando sábia e verdadeiramente os 3R's, a reutilização de uma quantidade todos os dias no desempenhar das funções de cada unidade espalhada pelos vários lugares vem diminuindo a agressão aos corpos hídricos receptores e aumentando a quantidade de água nas bicas das escolas e das casas. Você também poderá entrar nesse movimento a serviço da vida e da distribuição igualitária, não deixando bicas pingando, instalando mecanismos de descarga que utilizam um menor volume de água, reduzindo o tempo de banho, evitando lavagens de calçadas com borrachas (mangueiras), quando na escovação não permitir que a água vá pelo ralo abaixo sem utilização e outras ações simples que, somadas, economizarão um volume expressivo de água. A utilização de embalagens que não vão para locais adequados gera também nos corpos hídricos marcas que nos fazem perder, a cada dia, a guerra contra a possibilidade de sobrevivermos mais tempo, o que drasticamente diminui as chances de outras gerações. Apesar do quadro não muito agradável, empresas estão dando sua cota de participação, mesmo que seja o interesse econômico figurando, como sempre, em primeiro lugar. As garrafas de PET (polietiltereftalato) se transformaram em verdadeiro flagelo para os rios, assoreando-os, mudando seu curso e, conseqüentemente, diminuindo seu volume. No entanto, o mais importante para nossas considerações é a quantidade de água que será economizada.

Acompanhe a seguir as ações que estão e serão implementadas, bem como o volume de água que deixou de ser desperdiçado.

A geração exacerbada é cultural, não é a ação pura e simples de se obter um bem não-durável e, posteriormente à sua utilização (consumo), descartar o invólucro que o acondicionava. Há uma série de interações do homem (ou trabalho) sobre o meio ecológico. Então, poderemos conceituar essa relação do seguinte modo: "Condicionada e regulada pelas instituições sociais (família, escola, Igreja, estado e empresa), pela infra-estrutura (criações materiais da sociedade) e supra-estrutura (componentes espirituais da cultura), formando os espaços da produção (industrial e agrícola), da circulação e consumo (meios de transporte e comércio) e das idéias (mídia que induz ao consumo, estimulando a produção, a circulação e o consumo das mercadorias)." Estes espaços interagem uns com os outros. Como conseqüência direta, muito mais resíduos são produzidos. A indústria não quer mais lavar as garrafas que acondicionavam seus produtos, e a possível reciclagem dentro da empresa não mais acontece. Ela habilmente transfere o ônus da "reutilização" para as sociedades capitalistas e altamente consumistas, que não são educadas ecologicamente, pois a claudicante escola não se inteirou ou mesmo menosprezou valores primordiais. Não previu, com o crescente aumento da sociedade, que as águas se transformariam de límpidas, diáfanas, de muitos rios, em verdadeiras "latrinas" com alta concentração de dejetos modernos, como exemplo o PET que, no deslocar de seu curso, devido a choques mecânicos, arrastam outros detritos com maior poder de produzir diques, assoreando os cursos d'água. Em 2001, no município de Petrópolis, pude com tristeza vislumbrar o mar de PET que descia o Quitandinha, transformando a terra do Imperador-ambientalista Pedro II em um local deteriorado, onde se nota o paradigma ecológico. Em maio de 2003, a Basf acenou com uma possível virada magistral em relação ao problema PET, segundo um *site* especializado em assuntos ambientais. A matéria foi publicada com o título "O PET que virou tinta". O relato será descrito para que, através dessa inovadora e ambiental tecnologia, se possa de uma vez por todas mitigar os efeitos negativos:

"Depois de transformar as garrafas do tipo PET em móveis, vassouras, arte e brinquedos, pela Fundação Ondazul, a reciclagem deste tipo de material vem se modernizando e ganhando espaço em indústrias nunca antes pensadas, como a de tintas. Exemplo disso são a Suvinil e a Glasurit, ambas marcas da Basf, que trazem esta inovação em um dos principais componentes das tintas e vernizes, a resina. Considerada a matéria-prima mais importante na produção de tintas, desde fevereiro deste ano, a empresa vem produzindo o componente com o PET. O potencial de produção da empresa para o ano de 2002 foi de 18 mil toneladas de resinas, proporcionando a retirada de cerca de 50 milhões de garrafas tipo PET do meio ambiente e gerando economia para a empresa de 3 milhões de reais. Para o biênio 2003/2004, estão previstas 24 mil toneladas por ano de resinas, consumindo cerca de 60 milhões de garrafas/ano. Agora, atentem para o detalhe: no setor ambiental (3º setor) houve ganho no que diz respeito à redução do volume de efluentes em 40%, o que corresponde a aproximadamente 250 mil litros de ÁGUA que deixam de ser enviados para tratamento; e uso de material reciclável de alta disponibilidade e de forte impacto ambiental com tempo médio de decomposição estimado em centenas de anos" (www).

Trabalho há 17 anos em uma firma cuja característica de negócio a transforma em potencial e intrinsecamente poluidora. Quando saí da área de análise físico-química e me juntei ao pessoal da área ambiental, pude verificar, com satisfação, que, apesar das características anteriormente mencionadas, existiam planos concretos e verba para se colocar em prática inúmeras ações de perfil ambiental, que melhorariam a imagem da empresa frente à comunidade, como a redução no consumo de água e o controle das que sairiam na forma de efluentes líquidos. Um dos primeiros passos foi a criação de um jornal de circulação interna, que começasse a chamar a atenção das pessoas quanto a essa nova filosofia da empresa em relação ao meio ambiente. Vencida essa fase, iniciaram-se alguns treinamentos sobre como era importante para a empresa e para o país que as pessoas se adequassem e praticassem a postura ambiental correta. O SAO (Separador Água-Óleo) sofreu um incremento para aumentar sua capacidade de tratamento, sendo contratadas firmas especializadas para o controle dos compostos presentes, a fim de que as águas que voltassem aos corpos receptores fossem com qualidade, isentas de produtos que por ação sinérgica poderia transformá-los em cancerígenos e/ou mutagênicos. Assim, pensávamos na flora e fauna aquática, evitando que um desequilíbrio se instalasse, resultando na queda da produção de alimentos, pela redução do número de espécies. O mais importante disso tudo foi que, com o tempo, pude comprovar o comprometimento de muitas pessoas que, antes, sem informação a respeito dos perigos inerentes à falta de água potável e sua contaminação, pareciam estar vivendo uma outra realidade, descompromissadas com o equilíbrio natural. O exemplo que abordarei nesse trabalho não se destina única e exclusivamente à aplicação nas dependências de uma empresa específica. A idéia, obviamente, pode ser utilizada em todas as empresas que grassam no cenário do município de Duque de Caxias, ou em qualquer outro município ou Estado, em especial as representadas no limite físico de Campos Elíseos.

A fábrica de lubrificantes que tomei como referência possui uma área construída de 51.000m², os quais seriam utilizados como anteparo e posterior escoamento das águas de chuva, por apresentar um índice pluviométrico apreciável. Nos telhados notamos calhas que servem para desembocar essa grande quantidade de água fora da proximidade do armazém de estocagem, com o intuito de evitar os respingos naturais que ocorrerão do choque mecânico com o solo. A idéia é expandir tais calhas e convergir essa grande quantidade de água para um ponto abaixo da linha do solo ou primeiramente para esse local, e depois relocada para um tanque.

Nos meses de grande incidência de chuvas, poderíamos garantir o abastecimento anual, o que seria estratégico, e, mesmo que posteriormente se observasse um déficit na precipitação, devido a algum fenômeno meteorológico, contaríamos com um expressivo percentual de água, que, utilizada de forma cíclica, afastaria por completo o estigma de esbanjador, o que poderá macular o bom nome de qualquer entidade que represente um perigo em potencial na luta pela utilização racional da água.

O investimento que seria feito para dar cabo às obras que se fazem necessárias para a consecução dos planos seria irrisório, devido ao ganho ambiental e socioeconômico para a região tão castigada por vários infortúnios. Caso isso fosse reproduzido pelas empresas da região, acredito que, em uma estimativa não otimista, os volumes somados de águas captadas seriam em torno de 100.000.000 de litros, numa precipitação moderada.

Nessa região já foram formadas várias parcerias. Uma delas é o PAM-CE (Plano de Auxílio Mútuo – Campos Elíseos), o qual cria uma brigada heterogênea para precaver e combater sinistros. Por que não um Plano de Auxílio Mútuo empresarial em relação à água, que salvaguarde também o mínimo de dignidade para essas pessoas que se encontram sitiadas, sem condições de sair para um local mais aprazível?

Alguns lugares que usam água apenas para arrefecimento e destinam milhares de litros por mês para os esgotos, obrigando a CEDAE a tratar água limpa, o que fará com que essa água entre em contato com produtos químicos, para sua, nesse caso, desnecessária purificação. Seria lucrativo e interessante para a comunidade sitiada por essas empresas que as indústrias que utilizam água somente para baixar a temperatura de seus processos transformassem esse volume de água de forma cíclica.

Colocando-se a elevatória a uma altura de 5m e supondo uma massa de água igual a 10.000 litros (10.000 kg), multiplicando-se pela aceleração da gravidade(10 m/s²), teremos uma energia potencial suficiente para que a água em seu retorno tenha força necessária para voltar ao local de origem, sem que seja preciso até mesmo uma pequena pressurização.

$$Ep = m.g.h \longrightarrow Ep = 10.000 \times 10 \times 5 = 500.000 \text{ J (Joules)}$$

Com essa energia potencial a água terá como retornar sem a necessidade de bombas para auxiliar o processo.

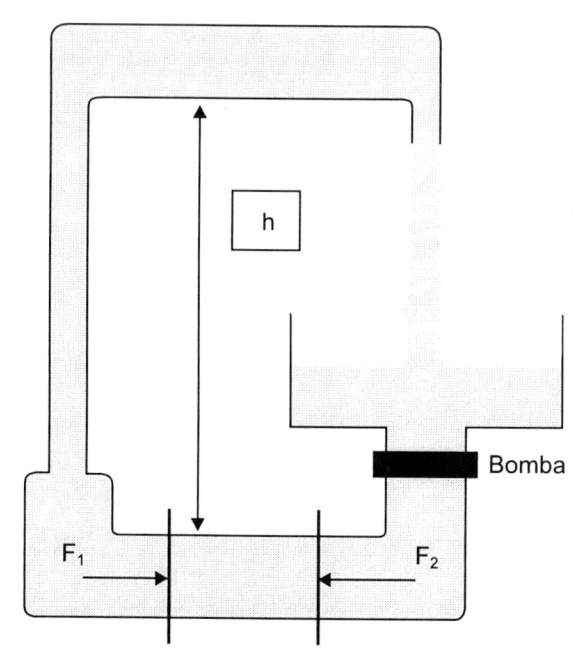

Esquema da circulação cíclica da água.

Uma outra pergunta é apropriada, sem querer estar acusando o governo municipal, mas apenas tentar entender o que é encarado como prioritário.

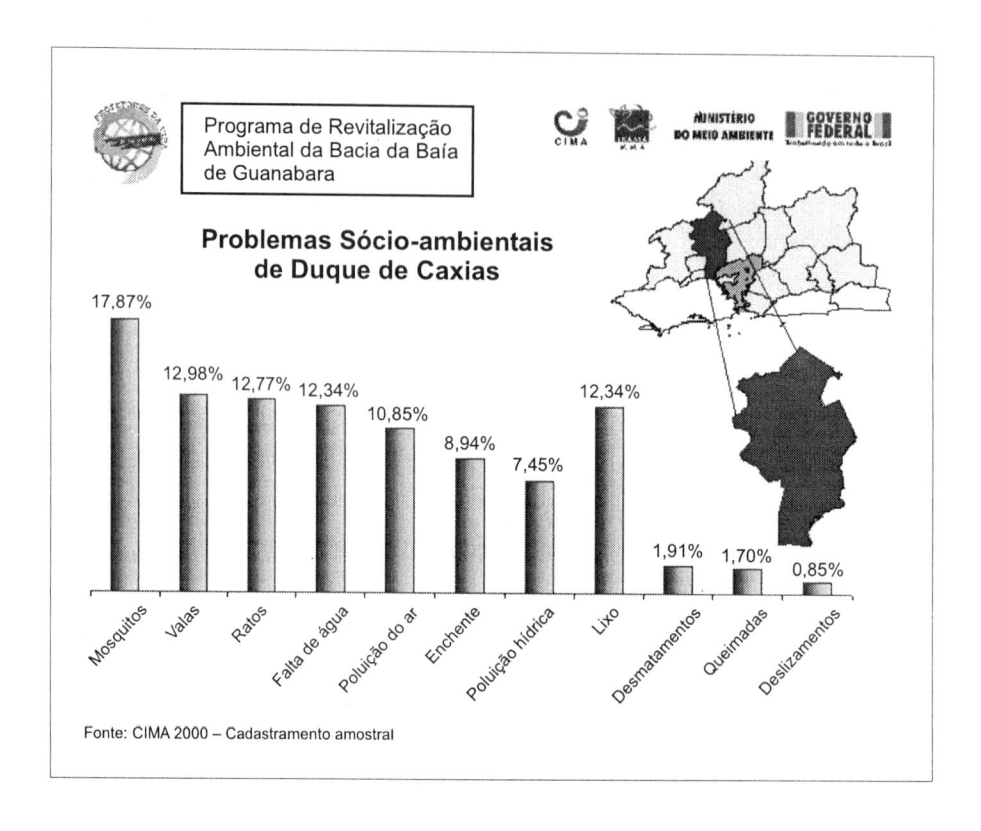

Programa de Revitalização Ambiental da Bacia da Baía de Guanabara

Problemas Sócio-ambientais de Duque de Caxias

- Mosquitos: 17,87%
- Valas: 12,98%
- Ratos: 12,77%
- Falta de água: 12,34%
- Poluição do ar: 10,85%
- Enchente: 8,94%
- Poluição hídrica: 7,45%
- Lixo: 12,34%
- Desmatamentos: 1,91%
- Queimadas: 1,70%
- Deslizamentos: 0,85%

Fonte: CIMA 2000 – Cadastramento amostral

Através do gráfico acima, podemos facilmente atestar que a falta de água no município está no quarto lugar como um dos problemas mais sérios da região. Como uma região abastada, como é essa, pode estar sofrendo com uma flagrante falta desse recurso?

Tantas imposições já foram feitas às empresas, para justificar uma multa ou facilitar que outras credenciadas pelo município e para as que desejam desenvolver algum trabalho, que, em muitas das vezes, é de caráter irrelevante em relação a ser agressora ao meio ambiente, com o propósito de levantar fundos. Por que então não criar um dispositivo legal, onde as empresas devam construir seus sistemas próprios de tratamento e reutilização de água, excluindo-se apenas o esgoto? Acredito se tratar de uma visão obtusa e retrógrada, que não consegue observar, ou despreza os alertas que vemos e ouvimos a todo instante. Quais são os sinais que Gaia deverá fazer para que passemos a pensar seriamente sobre todos esses problemas de forma sensata e com genuíno interesse de resolvê-los? Será preciso acontecer alguma catástrofe de grandes proporções, igual às dos filmes holywoodianos, para que possamos finalmente acreditar em possíveis mudanças contundentes?

Aproveitando esse espaço, para que possamos demonstrar o que podemos fazer como pessoas em nossas empresas, convencendo a alta administração que investir em meio ambiente e na redução do consumo de água é, em última análise, uma economia e uma forma de demonstrar que a empresa se preocupa com o bem-estar social, que, por sinal, será a próxima certificação que as empresas inseridas no contexto estão desejando a captação das águas de chuva. Os telhados, como dito, serão as áreas de contato, que, através deles, poderemos adaptar em suas canaletas de escoamento tanques móveis que posteriormente às precipitações serão encaminhados e por transvazamento lançadas para um tanque de maior volume, para que, por meio de bombas, possa ser distribuídas. O grande momento dessa nova arrumação de uso na forma mais racionalizada é que as pessoas que passam por extrema penúria, sendo uma delas a falta de água, poderão se utilizar de um volume mais significativo, reduzindo a tensão que essa falta causa.

As águas de chuva podem carrear algumas impurezas atmosféricas, como óxidos de nitrogênio, dióxido de enxofre SO_2, óxidos de carbono e em certas situações quando há smog fotoquímico o PAN (nitrato de peroxi-acetila) $CH_3COO\text{-}ONO_3$ (acontece em grandes metrópoles pelo escapamento dos carros).

O tanqueamento dessas águas com agitação irá prevenir dois problemas:

a) Caso haja depósito de ovos de mosquitos, a larva de característica fundamentalmente aeróbica, ao imergir, morrerá (evita-se, assim, a dengue). Agitação mecânica do tanque é um atenuante do problema.

b) Os possíveis gases dissolvidos na água tenderão a escapar, deixando-a isenta dessas impurezas. Há exceções. Gases como SO_2 podem formar ácidos, mas é possível a correção do pH.

E se ainda desejarmos água sem detritos, basta uma filtração simples ou decantação, com a retirada da água pelo topo.

Serão várias as utilizações para essa água pluvial:

1. Para arrefecimento (poderá voltar para o tanque).
2. Para lavagens brutas.
3. Para sanitários (pode ser desviado um percentual da água em clausura para esse fim).
4. Para combate de sinistros.
5. Para regar plantas.
6. Para treinamentos da Brigada, caso a empresa a possua.
7. Outras aplicações.

Com a implementação desse sistema, o que a sociedade, a empresa e o meio ambiente ganharão?

1. Maior quantidade de água nas torneiras das pessoas que residem nessa região.
2. Preservação de mananciais *in natura*.
3. Um percentual de águas deixará de ser tratado quimicamente, o que gera economia e um menor percentual de agressores na água.
4. Redução drástica na conta de água.
5. Modelo austero para a manutenção do meio ambiente.
6. Exemplo a ser seguido por outros segmentos da sociedade (um marco).
7. Um maior volume de água se fará presente, o que somará esforços para o término do racionamento de energia (em relação ao ciclo hidrológico).
8. Capacitação e auto-suficiência quando "maré-zero", ou seja, quando a Baía de Guanabara apresentar a maré tão baixa que não dê para realizar a sua captação.

Embora existam alguns meios para a utilização de hidrocarbonetos (separação das águas dos postos, onde se segregam graxas e combustíveis), que em outras condições seriam classificados como rejeitos, há ainda inúmeras substâncias oriundas de múltiplos processos com significativo poder de agressão que obliteram ainda a visão de um futuro promissor. Sendo assim, apesar da elaboração de inúmeras leis, até mesmo de nível federal, vemos os rios, lagos (SERLA) e mesmo os mares com alto índice de contaminação. A FEEMA, um dos órgãos mais importantes na repressão e controle no que se refere ao cumprimento da lei, não está sendo competente suficientemente para sanar a agressão progressiva ao meio ambiente, seja por falta de recursos ou por colocar pessoas que não têm o perfil para certas atividades, como pude observar ainda no ano de 2004. Obviamente, a grande maioria apresenta a competência necessária – o que registro aqui é um caso isolado.

A Constituição Federal, no art. 225, declara: "Todos têm o direito ao meio ambiente ecologicamente equilibrado, bem do uso comum do povo, impondo-se ao poder público e à coletividade o dever de preservação..."

O estudo das Ciências Ambientais visa formar profissionais que estejam compromissados com a manutenção do equilíbrio ecológico, disseminando seus conhecimentos nas escolas, comunidades e principalmente nas empresas. A educação ambiental, uma das ferramentas das Ciências Ambientais, tem projetos importantes. Um deles é que, desde tenra idade, os cidadãos do futuro cresçam com auto-estima e inclinados, como também preparados, para evitar as arbitrariedades que se praticam contra a Natureza, o que poderá ser incorporado com a ferramenta Educação.

Devemos intervir com esse sistema e denunciar atos de terror contra o verde e contra a vida. Há, sem dúvida, ações que interferem em todas as instituições, inclusive nas empresas, que são focos de grande consumo de água. Mas, para nossa satisfação, há pessoas pelo mundo que realizam reuniões periódicas, a fim de apontar soluções e abusos, para que as ações de melhoria contínua sejam implementadas. Veja o relato que se segue, retirado da www em uma reportagem sobre a Rio+10:

"Os ministros responsáveis pelos assuntos relativos à água, ao meio ambiente e ao desenvolvimento de 46 países se reuniram em Bonn para avaliar os progressos realizados na aplicação da Agenda 21, e examinar as medidas necessárias para aumentar a segurança do abastecimento de água e obter o ordenamento sustentável dos recursos."

Considerando que a Cúpula Mundial sobre o Desenvolvimento Sustentável, que se celebrou em agosto de 2002, em Johannesburgo, deveria demonstrar um renovado compromisso com o desenvolvimento sustentável e a vontade política de agir; considerando que os usos eqüitativos, sustentáveis e a proteção dos recursos de água doce do mundo constituem um desafio fundamental para os governos na direção de um mundo mais seguro, pacífico, eqüitativo e próspero. Combater a pobreza é o marco principal nos esforços para alcançar um desenvolvimento eqüitativo e sustentável, e a água desempenha uma função vital em relação à saúde humana, aos meios de sustento, ao crescimento econômico e à manutenção dos conhecidos, mas não respeitados ecossistemas.

Entre os resultados da Cúpula Mundial sobre o Desenvolvimento Sustentável, devem figurar medidas decisivas em relação ao abastecimento de água.

Expressamos nossa profunda inquietude porque, ao iniciar este século XXI, 1,2 bilhão de pessoas vivem na pobreza e sem acesso à água potável, e quase 2,5 bilhões carecem de serviços que demonstrem adequação no que se refere a tratamento de esgotos.

Dispor de suficiente água potável e de um serviço eficiente de esgoto sanitário é uma necessidade de caráter trivial mais essencial à vida humana básica.

A luta em escala mundial para diminuir os índices de pobreza deve oferecer condições de vida saudáveis e decentes aos que não podem satisfazer essa necessidade básica.

Essa visão que prima o desenvolvimento e a economia mundiais está na dependência da igualdade entre os homens, o que todos nós na realidade desejamos. É por isso que devemos sempre estar participando e vigiando atentamente as abusivas utilizações da água. As empresas que desejam se certificar e apresentar o processo de melhoria contínua em seu mais alto grau devem ter em mente tais aspirações, como os ministros do Meio Ambiente em Bonn.

Nos sistemas de ar-condicionado central, a água de arrefecimento depois de fazer seu papel é descartada e vai para a rede do esgoto, o que caracteriza mais um sério desperdício de água. O sistema de refrigeração central em certos locais específicos da fábrica, como, por exemplo, no laboratório, apresentava um gasto exorbitante, em torno de 100.000 litros/mês. A solução que apresentei na época foi extremamente simples: um braço de PVC que retornava a água para o sistema e que tornava a passar pelo equipamento de troca de calor. Caso as empresas tomassem ações no que se refere à reutilização da água, milhões ou até mesmo bilhões de litros de água poderiam ser recuperados. Não é fácil, no entanto, tentar convencer outras empresas a assumir essa postura e que, em uma reação em cadeia, um volume colossal possa ser usado de forma cíclica.

Um outro bom exemplo da reutilização da água em uma área construída reservada para tanques é a bacia de tanques. Por motivo de segurança, em volta dos tanques que contêm substâncias químicas é erguido um sistema de contenção, caracterizado por um muro de aproximadamente 1,50 m, o que poderá variar em função da capacidade de cada tanque e do número deles. Quando há chuvas fortes, a bacia de tanques retém uma grande quantidade de água, que, na maioria das vezes, depois da avaliação do operador, dispensa esse volume imenso para o separador de água e óleo. Hoje, há projetos em que, através de bombas, se drena a água para um tanque de capacidade em torno de 500 mil a 1 milhão de litros, que são utilizados posteriormente. Essas são ações relativamente simples que corroboram com o sistema de reutilização de água que estou apresentando. Por incrível que possa parecer, existem pessoas com diplomas internacionais, mas tão insensíveis às questões da sobrevivência humana, que parecem estar vivendo em um mundo paralelo.

Algumas medidas para solucionar os problemas da poluição das águas:

- A existência de leis mais rigorosas que obriguem e façam as indústrias tratar seus resíduos antes de lançá-los nos rios e oceanos, a exemplo do que ocorreu na Alemanha.
- Penalizações para as indústrias que não estiverem de acordo com as leis. No caso de reincidência, o seu fechamento é inevitável.
- Investimentos para aumentar as áreas de fiscalização dessas indústrias.
- Ampliação das redes de esgoto.
- Saneamento básico para todos é dever do Estado.
- Investimentos na construção de navios mais seguros para o transporte de combustíveis.
- Melhoramentos no sistema de coleta de lixo.

- Implantação de novas estações de tratamento de esgotos.
- Campanhas publicitárias, buscando a explicação de técnicas de saneamento para a população carente.
- Campanhas para a população reconhecer os riscos da poluição.
- Criação de produtos químicos menos agressivos para a agricultura.
- Cooperação com as entidades de proteção ambiental.

Quando ações como as citadas forem implementadas, os cuidados com o meio ambiente e a conseqüente reutilização das águas acontecerão, tenho certeza. Mas, para que tudo seja implementado como ações de Saúde, Meio Ambiente e Segurança na empresa de forma sistematizada, existe o SGA – Sistema de Gestão Ambiental que prevê a forma correta para ser colocada em prática. Tais sistemas, antes de serem apresentados e inseridos na rotina das empresas faz-se necessário pesquisas sobre a opinião pública, sendo os dados tabulados para extrair o perfil dos consumidores quanto ao desejo de só obterem produtos que sejam ambientalmente corretos. Em uma revista nacional e em outras pesquisas feitas no Canadá, os seguintes dados foram extraídos:

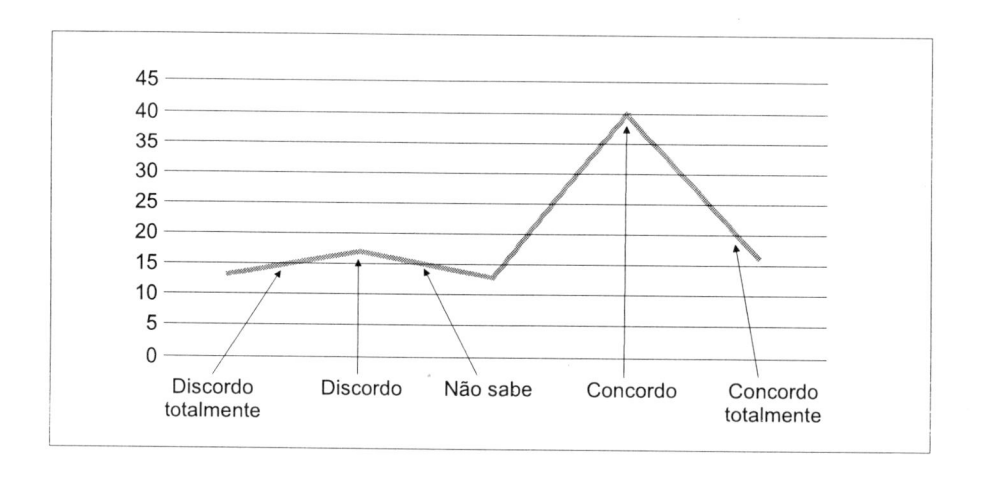

Outra pesquisa, realizada pelo site Ambiente Global, mostra que os consumidores dão preferência a pagar um pouco mais por um produto que seja ecologicamente correto. O estudo também mostrou que 86,42% dos participantes da pesquisa gastariam mais para obter o produto que não interfere negativamente com o meio.

Em resumo, a empresa que porventura gere impactos ambientais através de suas linhas de produção, além de estar incorrendo em grave conduta contra a legislação vigente e ter de arcar com os custos dessa infração, irá ter um desgaste perante o público consumidor, ou seja, às outras marcas, que estarão disponíveis no mercado se identificando com o público por meio da chamada "rota ecológica", como proposto pela revista da ABNT. Há empresas que, ao estarem em comunhão com a produção e tendo cuidado com o meio ambiente, exibem em seus produtos logotipos que mostram esse cuidado, o que aumenta o interesse.

As empresas, com certeza absoluta, irão utilizar o SGA (Sistema de Gestão Ambiental) como uma vantagem competitiva para aumentar de forma expressiva suas vendas, pois os seus produtos, além de apresentarem uma ótima qualidade, desde a sua produção não degradam o meio ambiente ao redor de suas instalações, contribuindo para uma melhor qualidade de vida das futuras gerações e de nós mesmos.

O SGA para a indústria de alimentos, como também para inúmeras outras, é a garantia de um mercado consumidor que estará procurando um produto de qualidade, além de ter a certeza de que a linha de produção deste não gera impactos ambientais, não degrada os recursos hídricos ao redor da indústria e contribui para a melhoria da qualidade de vida da população. Segundo especialistas, é a viabilidade financeira da empresa.

Para a sociedade, entendemos que uma melhoria na qualidade do meio ambiente resulta em menos impactos ambientais sobre o meio antrópico, sobre o homem, o que poderá facilitar o seu desenvolvimento como sociedade, em uma forma mais sadia, reduzindo os inúmeros casos de doenças ligadas à industrialização feita de forma não adequada (world wide web).

No aspecto legal, várias legislações envolvendo o meio ambiente têm sido implantadas no país ao longo dos últimos 14 anos. Citamos a Resolução 01/1986, do CONAMA (Conselho Nacional do Meio Ambiente), que conceitua "impacto ambiental". A Resolução 357 (Lei Nacional das Águas), também do CONAMA, classifica as águas doces, salobras e salinas do território nacional. Mas entendemos que as principais legislações foram sancionadas em 1997 e 1998, a Lei 9.433, de 8 de janeiro de

1997, e a Lei 9.605 (Lei de Crimes Ambientais), de 13 de fevereiro de 1998.

A Lei 9.433 instituiu a Política Nacional de Recursos Hídricos e criou o Sistema Nacional de Gerenciamento de Recursos Hídricos. Esta lei, em seu art. 1º, ressalta que a água é um bem de domínio público e que é um recurso natural limitado, dotado de valor econômico, ou seja, a água passa a ser tratada como uma *commodity* – sendo considerada uma mercadoria, passa a ter preço.

O Capítulo III apresenta as diretrizes gerais de ação. Em seu art. 3º apresenta a necessidade de integração da gestão de recursos hídricos com a gestão ambiental. Em complementação, o Capítulo IV considera como instrumentos da Política Nacional dos Recursos Hídricos os aspectos que irão afetar diretamente as indústrias farmacêuticas.

O que é Sistema de Gestão Ambiental

Como já citado, a primeira medida a ser tomada é que o empresário entenda que o SGA será uma vantagem competitiva de mercado em futuro bem próximo.

"Quanto às instalações, não há um requisito mínimo para a implantação, pois existem etapas a serem respeitadas dentro de um cronograma previamente preparado, envolvendo os aspectos de custos e benefícios. Melhor dizendo, o SGA deve sempre a cada etapa de sua implantação levar a uma redução de custo operacional desta etapa, permitindo que investimento na etapa seguinte seja parcialmente financiado. Como esclarecimento, ressalto que uma etapa posterior não será totalmente financiada pela etapa anterior."

Pela experiência, entendemos que, quanto mais bem planejada, ou seja, mais bem organizada uma determinada linha-produção, menor custo apresenta a implantação do SGA nesta linha

Na empresa em que trabalho, o sistema denominado genericamente como SGA ganhou a denominação de SGI (Sistema de Gestão Integrada), pois congrega Saúde, Meio Ambiente, Segurança e Qualidade Industrial. Para que pudéssemos mapear todos os aspectos de perigos e riscos, foi criado um banco de dados cuja denominação ficou conhecida como LAIPD (Levantamento de Aspectos, Impactos, Perigos e Danos), executado através do mapeamento do processo. Obviamente, existem matrizes que, quando cruzadas, informam se uma determinada atividade possui caráter periculoso e se merece plano de ações para coibir possíveis perigos e danos. A empresa foi dividida entre as gerências e a alimentação para o banco de dados de responsabilidade dos funcionários das gerências em questão. Especificamente no caso da água, a ETE (Estação de Tratamento de Efluentes), a água que retorna para o corpo hídrico ou receptor, sofre um tratamento com substâncias de alta qualidade, que tem por função a coagulação de corpos estranhos e contaminação por óleos, solução de substâncias básicas para se corrigir a acidez, na qual deverá ficar em torno de 6,5 a 7,5 o seu pH. Filtros que retiraram esse lodo químico formado, passagem pelo carvão ativado a fim de retirar impurezas que permitam a criação de algas, o que pode ensejar um aumento desse organismo pelos rios, ocasionando a indesejável falta de oxigênio e a conseqüente morte de peixes. Além das substâncias químicas, um conjunto de processos físicos e de logística anda *pari passu* para que os processos possam se dar de forma a garantir a qualidade do processo global, que será mensurado através de análise por firma contratada, com vivência na área em questão. As análises são: DQO, IOG, pH, MBAS, Aparência Visual e outras que os órgãos ambientais determinem.

A não-observação das diretrizes elaboradas pelos órgãos poderá ocasionar sanções às empresas que não cumprem as determinações. As penas propostas por esta legislação envolvem a combinação de multas, a suspensão parcial ou total de atividades e a reclusão por até 5 anos, dependendo da gravidade do crime ambiental. Esta lei tenta não permitir que a infração seja economicamente atraente.

"Apesar da nossa legislação ser considerada moderna, é necessária uma fiscalização mais rígida e com maior freqüência. No entanto, a legislação mais bem representada será aquela composta pelos consumidores, que, escolhendo produtos dentro da legislação e de boa qualidade também no aspecto ambiental, possam segregar as empresas que não são obedientes a esse crucial aspecto, ou seja, o ambiental, o que polui os corpos hídricos de maneira irreversível."

É considerada uma forma moderna de administrar aquela na qual o empresário tem a preocupação de atingir, além dos objetivos diretos e indiretos, os objetivos chamados "intangíveis", sempre levando em conta a análise e a avaliação de impactos ambientais gerados por sua empresa. No caso das estatais, o governo federal tem de desenvolver tal sensibilidade, esquecendo-se da propaganda, pois ela por si só não dará a guinada desejada.

Como exemplos de objetivos diretos ou primários se entendem o aumento do lucro com o aumento da eficiência da produção, economia em dinheiro quando a indústria está de acordo com a legislação, evitando multa e perda de tempo com as demandas na justiça e a melhoria da qualidade de vida dos funcionários.

A visão empresarial de que, em futuro próximo, a maior globalização das informações e a própria propaganda do dia-a-dia irão contribuir para que o respeito às questões ambientais influenciem a escolha de um produto pelo consumidor no momento da compra é considerada um fator de modernidade da empresa. O empresário não pode pensar, somente, no lucro imediato de sua atividade industrial; deverá incorporar no seu planejamento os objetivos intangíveis. Entender que é necessário capacitar os técnicos com treinamento na área de SGA é multidisciplinar e exige a participação de todos na indústria com a mesma postura.

CAPÍTULO 5

O Desacordo está Efetivado. Existe Então Água Nova

As considerações que abordaremos neste capítulo parecerão ser paradoxais se levarmos em consideração a afirmação de que não está nascendo água do nada, e esse volume que está no circuito hidrológico é o mesmo desde tempos primordiais. Porém, essa água é advinda de reações químicas que transformam a matéria, e que, por um capricho, os hidrocarbonetos, quando queimados na presença de oxigênio, produzirão o gás carbônico e a "água nova".

Na realidade, as considerações foram primeiramente estabelecidas para subsidiar os cálculos da mensuração do volume ou massa de CO e CO_2 que a queima de combustíveis fósseis teoricamente produz, não levando em consideração a absorção do gás carbônico pelos oceanos, que o transformam em carbonatos (CO_3^{-2}) e bicarbonatos (HCO_3^{-1}).

A reação de combustão de hidrocarbonetos quando completa utiliza o oxigênio para oxidar e produzir CO_2 e H_2O. Quando a reação, no entanto é incompleta, o monóxido é produzido. A reação total de hidrocarbonetos gera milhões de toneladas de CO_2, caso seja completa, mas, com a falta de regulagem da maioria dos carros e veículos movidos com diesel e gasolina, a probabilidade de se produzir monóxido de carbono é factual.

Reação global: $CnH_{2n} + 2 + (3n + 1 O_2)/2 \longrightarrow nCO_2 + (n + 1) H_2O$

Vamos utilizar como exemplo um hidrocarboneto que tenha fórmula molecular C_8H_{18}. Através da fórmula geral, podemos calcular quantos litros de CO_2 lançamos na atmosfera.

$C_8H_{18} + (3 \cdot 8 + 1)/2\ O_2 \longrightarrow 8\ CO_2 + 9\ H_2O$ (equação 1).

$C_8H_{18} + 25/2\ O_2 \longrightarrow 8\ CO_2 + 9\ H_2O$

Agora, lançando mão da relação que 1 mol de qualquer gás nas CNTP (condições normais de temperatura e pressão) é igual a 22,4 litros.

1 mol _____ 22,4 L

8 moles _____ X L

X = 179,2 L

Vamos supor que um carro durante a semana seja abastecido com 100 quilos de combustível (gasolina).

Primeiro: temos que descobrir qual o volume de gasolina relativo a 100 quilos. Para descobrirmos o volume, utilizamos a fórmula geral da densidade:

d = m/V ____ V = m/d: V = 100 quilos/0,720kg/L V = 138,9L

Para descobrirmos quanto é 1 mol de C_8H_{18}, calculamos a massa total em gramas da substância, conferindo a massa de 12g para o carbono e 1g para o hidrogênio. Assim, calculamos:

$(8 \times 12) + (1 \times 12) = 96 + 18 = 114$ g

114 gramas são iguais a 0,114 kg. Para sabermos então quantos moles há em 100 quilos, basta dividirmos esse valor por 1 mol, que é igual a 0,114 kg.

1 mol _____ 0,114 kg (gasolina)

X moles _____ 100 kg

X = 877 moles.

Como na fórmula geral de hidrocarboneto (alcano), para cada mol desse são produzidos 8 de gás carbônico, o gás que estamos querendo medir. Assim, basta multiplicarmos os 877 moles do hidrocarboneto por 8 = 7.016 moles. Agora, podemos fazer a relação para descobrirmos, se queimados, quantos litros de CO_2 serão lançados na biosfera.

1 mol _____ 22,4 L

7.016 moles _____ X Litros

X = 157.158 litros de CO_2

É fácil notar que um carro com 100 quilos de combustível emite para a biosfera quase 160 mil litros de gás carbônico, o qual poderemos arbitrar que 10% desse volume sejam de monóxido de carbono. Ou seja, 16 mil litros de CO. Multiplicando pela frota das grandes metrópoles, poderemos quantificar a estupenda quantidade gasosa que causa doenças e mortes, assim como um sério agravamento no efeito estufa, que, aumentando a temperatura do globo, poderá desencadear degelos importantes, submergindo inúmeros países e ilhas.

Vale também lembrar que, embora muitos digam que não se produz mais água, isso é termodinamicamente incorreto, pois a reação global de hidrocarbonetos (não só dos alcanos) produz água na forma de vapor. Sendo assim, essa quantidade de água produzida é somada ao fenômeno hidrogeológico. Cabe, então, uma avaliação mais acurada dessa água que é somada ao sistema.

Trabalho publicado pela Faculdade de Medicina da USP, intitulado Poluição Atmosférica e seus Efeitos na Saúde Humana, constatou que as duas principais fontes de emissão de poluentes da RMSP (região metropolitana de São Paulo) são as indústrias e a frota de veículos automotores que circulam pela cidade. Essa frota é estimada em mais de 4,3 milhões de veículos. A proporção do número de carros por habitante cresceu de 1/40 na década de 40, para quase 1/2 nos anos 90. Ocorre que, nesse período, a malha viária não acompanhou esse crescimento. A desproporção entre número de veículos circulantes e a malha viária destinada a escoar uma frota veicular crescente fez com que a cidade de São Paulo enfrentasse aumento progressivo de congestionamentos.

Utilizando a pesquisa acima, e lançando mão de uma simples multiplicação, direta, vamos poder avaliar juntos essa questão das emissões, estabelecendo um número bem próximo da realidade. Então,

157.158 litros de CO_2 × 4.300.000 (número de veículos em São Paulo) = $6,8 \times 10^{11}$ (seiscentos e oitenta bilhões) de litros de gás carbônico. Como foi arbitrado 10% como sendo monóxido de carbono, temos 68.000.000.000 de CO. Imagine!!! Caso desejássemos calcular essa quantidade em toneladas, bastava realizar uma regra de três com a massa de 1 mol do CO_2, que é igual a 44 g e equipará-lo a 22,4 L, que é 1 mol de qualquer gás nas CNTP (condições normais de temperatura e pressão).

44 g = 0,000044 ton, 680.000.000.000 bilhões de litros para X, nossa incógnita. Ficaria então:

$X = (6,8 \times 10^{11} \text{ L} \times 4,4 \times 10^{-5} \text{ ton}) \times 22,4 \text{ L}^{-1} \ldots = 1.335.714$ ton.

Não devemos nos esquecer de que os mares absorvem gás carbônico, transformando em carbonato e bicarbonato, principalmente de cálcio [$CaCO_3$ e $Ca(HCO_3)_2$]. Obviamente, 100 quilos de combustível, na maioria das vezes, serão suficientes para a circulação do veículo por mais de uma semana.

Fazendo-se uma analogia com água, cujo mol é representado por 18 g (H = 1 g e O = 16 g), uma vez que descobrimos a quantidade em tonelada de gás carbônico, basta realizarmos uma regra de três simples e direta para medir a quantidade de água.

44g (CO_2) _____ 1.335.714 ton

18g (H_2O) _____ X ton

X = 546.428 ton de água calculadas para os 8 moles de CO_2 iniciais.

Como, são produzidos 9 moles de água em relação ao octano, então teríamos:

8 moles _____ 546.428 ton

9 moles _____ X ton

X ton = 614.732, aproximadamente

Para podermos mensurar a quantidade de água em litros, consideraremos a densidade da água igual a 1, a 20° C e a 1 atm (atmosfera) de pressão (760 mm de Hg = 760 milímetros de mercúrio). O cálculo será muito mais fácil dessa forma. d = m. V^{-1}. V = m.d^{-1}. Primeiro, devemos transformar toneladas para quilogramas. 614.732 ton = 614.732.000 kg. Sendo assim, 1 kg = 1 L, visto a densidade ser igual à unidade. Outro dado que será necessário para os cálculos é a informação que 1 m³ é igual a 1.000 litros. Para se ter idéia de quanta água isso representa, imagine uma piscina com as seguintes dimensões: 1.000 metros de comprimento, por 100 metros de largura, com 6,14 metros de profundidade. Então teríamos: 1.000 m × 100 m × 6,14 m. Como a base é a mesma, conserva-se a base e somam-se os expoentes, que, no caso, é igual a 1, para a largura, comprimento e profundidade. Totalizando temos: 614.732 m³, que é igual aos 614.732.000 de litros mencionados anteriormente (ou, ainda, 500 m × 200 × 6,1 m).

Obs.: Cálculos teóricos não são levados em conta as variações dinâmicas que podem ocorrer no sistema.

Os cálculos estéquio-volumétricos, das quantidades de matéria relativas a CO_2 e $H_2O(v)$ produzidas pela combustão do C8H18, estão baseados nas CNTP (Condições Normais de Temperatura e Pressão). Sendo considerado, também, como se estivesse ocorrendo queima perfeita, o que não representa a realidade. Muito embora tenhamos arbitrado 10% para a produção de monóxido de carbono = CO anteriormente.

E, logicamente, deixados de ser considerados os 25% de álcool na gasolina.

Cabe aqui uma informação importante que contrasta à produção de gás carbônico. O gás sofre absorção de uma alíquota pelos oceanos, o que não acontece com a água no estado gasoso, pois tende a subir e, somente depois da condensação, passa a precipitar. Com o auxílio de nucleadores, o fenômeno se intensificará de forma relevante.

Quando aceitamos que esse gás carbônico "novo" afeta o sistema térmico do Planeta por ação antropomórfica, somos obrigados a aceitar também essa "água nova", que a maioria dos autores não menciona, por só considerar a água que está no ciclo da biosfera, desconsiderando esse potencial em produzir nova água, que está, na maioria das vezes, muitos quilômetros abaixo da superfície nas jazidas de petróleo. Lógico que essa observação sobre a "água nova" não traz embutida a mensagem de começarmos um processo de queima de combustíveis fósseis – trata-se de um alerta, o que também explica de certa forma as tempestades urbanas, principalmente nos grandes centros.

Não se trata então de coincidência quando observamos em livros especializados e em noticiários que em uma certa área chove torrencialmente e em outra, mesmo que nas proximidades, não é acusado um índice pluviométrico tão acentuado. Quando há formação de microclimas, principalmente nas grandes cidades, devido às várias construções (rugosidades) e à quantidade exacerbada de autos particulares e ônibus emitindo continuamente poluentes atmosféricos que ficam empacotados, atuando como nucleadores, por serem altamente higroscópicos, somos tentados a imaginar que essa estupenda quantidade de água que castiga os centros urbanos é oriunda da queima desses hidrocarbonetos, que, ao mesmo tempo, emitem particulados, que servem como nucleadores da água biosférica e da "água nova" que teve sua gênese na queima dos hidrocarbonetos conforme equação 1. A própria nuvem de hidrocarbonetos, quando muita extensa, pode aumentar a temperatura, facilitando a evaporação de algum corpo hídrico próximo, que, aliado à direção dos ventos, poderia ser dispersa. Contudo, como as cidades apresentam rugosidade por causa do crescimento vertical, a circulação do ar fica prejudicada, o que favorece o fenômeno das "tempestades urbanas" como mencionado anteriormente. Essa exacerbada quantidade de CO_2, não só aqui (até porque o Brasil é um dos países que menos emitem CO_2 para a atmosfera), em relação aos combustíveis fósseis. Muito gás carbônico é gerado no Brasil pela queima da biomassa, mas pelo mundo, vem causando graves conseqüências ambientais, devido ao Princípio da Responsabilidade Diferenciada não estar sendo cumprido à risca. Ou, ainda, e mais terrível, quando países que possuem modesta emissão vendem suas cotas para países que já provocaram sérios danos, como os Estados Unidos. Efetivamente, essa manobra é apenas uma compensação e não uma diminuição como o tratado de Kyoto previu.

Mas, os que apostam que o gás poderá resolver esse problema enganam-se profundamente. Mesmo os gases como eteno ($CH_2=CH_2$) e o acetileno ($CH\equiv CH$), há fórmulas que nos mostram com propriedade que existirá, ainda, formação de água.

Para alcenos (hidrocarbonetos com 1 dupla ligação):

$C_nH_{2n} + (3n/2)O_2 \longrightarrow nCO_2 + nH_2O$ (equação 2).

Para alcinos (hidrocarbonetos com 1 tripla ligação):

$C_nH_{2n} - 2 + (3n - 1\ O_2)/2 \longrightarrow nCO_2 + (n-1)\ H_2O$ (equação 3).

O GNV (gás natural veicular) contém em maior percentual o metano (CH_4 = o hidrocarboneto mais simples, normalmente presente em pântanos, cupinzeiros e nas fezes de bovinos e suínos. É o segundo gás de importância quanto ao efeito estufa). No entanto, há na mistura percentuais de etano e propano que conferem poder calorífico ao combustível, pois são respectivamente 1,8 e 2,6 vezes superior ao do metano. A água produzida nessa reação em relação ao metano proporcionalmente é de 1:1, conforme equação 1.

As indústrias que queimam hidrocarbonetos também participam efetivamente na produção de "água nova". Em uma cimenteira, por exemplo, os gases que possam afetar o meio ambiente devem ser capturados e segregados por rotas químicas e físicas. A água, no entanto, nas altas temperaturas dos fornos, é lançada para a atmosfera em grande quantidade, pois os hidrocarbonetos, nessas circunstâncias, possuem maior número de carbonos. Como exemplo, podemos equacionar um hidrocarboneto que possua 35 carbonos, esse terá a capacidade de produzir uma grande quantidade de água.

$$C_nH_{2n+2} + (3n+1\, O_2)/2 \longrightarrow nCO_2 + (n+1)\, H_2O$$

$$C_{35}H_{72} + 53\, O_2 \longrightarrow 35\, CO_2 + 36\, H_2O$$

Com isso, uma grande quantidade de água é gerada, e grande quantidade é emitida para a atmosfera. Não cabe nesse momento ressaltar o perigo de gases como o dióxido de enxofre, que, junto à água, forma ácidos como o sulfuroso e o sulfúrico (diluído), causando grandes estragos em superfícies sensíveis aos ataques ácidos.

Como vemos, o assunto sobre a água é muito complexo, o que demanda estudos específicos para cada situação, no intuito de nos salvaguardar nas várias frentes que a água possa estar atuando, que em muitas situações atua como coadjuvante de reações adversas, devido às ações antrópicas. Embora não estejamos considerando propriamente poluição atmosférica, será de grande valia e coerente para o desenvolvimento do assunto "água" a reação que ocorre para a formação dos ácidos inorgânicos, como o sulfuroso e o sulfúrico, onde a água participa ativamente, por ser uma molécula que acumula em si inúmeras características e contradições importantíssimas. Antes de informar quais são as contradições, gostaria de demonstrar as reações que culminam com a formação dos ácidos anteriormente citados:

1. $S + O_2 \longrightarrow SO_2$
2. $SO_2 + 1/2\, O_2 \longrightarrow SO_3$
3. $SO_3 + H_2O \longrightarrow H_2SO_4$ (ácido sulfúrico)

O ácido sulfúrico também atua como nucleador na formação de chuvas.

Retornando às contradições que se encerram na molécula da água, podemos enumerar:

1. Ela é um excelente instrumento para evitar a propagação das chamas. Porém, quando seus elementos são observados separadamente, transforma-se em combustível e comburente.
2. Na forma de molécula, apresenta pH neutro, ou seja, não apresenta acidez ou basicidade. Mas os íons que a compõem são na realidade os representantes tradicionais para se representar os prótons na forma de H^+ e o ânion Hidroxila OH^{-1}, fenômeno reverso ao da criação da água, lá atrás, quando o Planeta ainda era primitivo, lembra?

$$H_2O \longrightarrow H^+ + OH^{-1}$$

3. Única substância que aumenta de volume quando congelada.
4. Reconhecida como solvente universal.
5. Única substância que percebemos nos três estados físicos da matéria em nosso Planeta dentro das CNTP.
6. Substância que aparece nas principais reações no corpo humano.

Enfim, a água é incomum e preciosa e, mesmo assim, com todas essas características de natureza ímpar, ela continua em seu círculo perpétuo recebendo as escórias da humanidade de forma impiedosa.

Nota: Caso o homem não utilizasse o combustível fóssil como matriz energética, os hidrogênios que compõem a "água nova" estariam ainda hoje, íntegros no subsolo. A partir desta simples analogia, podemos então dizer, que esta água realmente não estava incluída no ciclo hidrológico desde os tempos primordiais.

Dicas para se Economizar Água

Há inúmeras formas de se economizar e conseguir água dos e nos ciclos hidrológicos do Planeta e em projetos criados pelo homem. Não tenho, no entanto, a pretensão de imaginar que, mesmo hipoteticamente, eu tenha o conhecimento sobre todas as metodologias e formas. Mas posso registrar aqui que alguns mecanismos, com certeza, quando na construção de casas e empresas, visando a uma participação efetiva, obedecem aos critérios estabelecidos na Declaração Universal dos Direitos Sobre a Água, com o esforço em conjunto, mitigarmos sensivelmente os gastos.

Construção de uma Casa

1 – Colocação de calhas adequadas para convergir a água anteparada nos telhados para um ponto comum.

   1A – Caso haja muitos detritos, colocar pano para filtrar impurezas, ou deixar por algum tempo a água das chuvas se encarregar da limpeza mecânica, por uns 10 minutos sem sua captação.

2 – Segregação dos tubos das descargas dos sanitários em relação aos demais pontos da casa.

2A – Torneira com arejador de água.

2B – Bacias sanitárias com, no máximo, 6 litros.

No caso das descargas que operam com 6 litros, a economia foi expressiva, pois anteriormente o gasto era de 10 a 30 litros, quando a descarga se apresentava livre. Um exemplo a ser seguido foi a cidade do México, onde o governo substituiu 3 milhões e meio de válvulas dos vasos sanitários com caixa acoplada, o que significou uma redução de 5 mil litros de água por segundo. Nos Estados Unidos é obrigatório o volume de 6 litros nas descargas e a vazão dos chuveiros e das torneiras foi reduzida para 9 litros por minuto.

3 – Caixa-d'água para abrigo de águas pluviais, as quais desceriam para a casa através de gravidade. Não seria necessária a pressurização, pois numa caixa com 10.000 L a uma altura de 5 m, o sistema apresentaria uma energia potencial de 500.000 joules. Caso não haja no projeto espaço para as caixas-d'água, uma cisterna seria apropriada.

3A – Poder-se-á utilizar essas águas para lavagens brutas e até na máquina de lavar roupas

3B – Para regar plantas.

3C – Para lavagens de automóveis.

3D – Para encher piscinas, "com o tratamento adequado".

3E – Irrigação de hortas.

3F – Na utilização de chuveiros após banho de piscina ou mar, antes de se ter acesso às dependências da casa.

Na Empresa

1 – Segregação dos sistemas de água para consumo e para descarga.

2 – Utilização de telhados como anteparos para captação de água de chuva.

2A – Utilização para lavagens nos armazéns.

2B – Em jardinagem.

2C – Para lavagens de autos.

3 – Construção de tanques reservatórios para combate a sinistros.

4 – Venda de água secundária para locais secos, onde existam empresas cuja região tenha um baixo índice pluviométrico.

5 – Separador água-óleo em empresas cuja atividade intrínseca seja Petroquímica, é essencial para que seus efluentes sejam reaproveitados pelo menos para:

5A – Lavagens de ruas, calçadas, armazéns, jardinagem, combate a sinistros.

6 – Gradeados deverão ser instalados pelo perímetro, onde atividades que envolvam água que teoricamente cairiam nas pluviais voltem a fim de reutilizar a água que possa ter sido refugada em algum processo.

7 – Quando a empresa estiver voltada para a agricultura, a técnica de gotejamento deverá ser implementada, evitando o sistema de irrigação antiga, que disponibiliza um montante de água mais do que o necessário. E, ainda, há uma perda do excedente, pois as raízes não conseguem captar todo o volume de uma só vez. Esse mecanismo pode ser utilizado também na agricultura de subsistência.

8 – Empresas que utilizam anteparo-contentor (bacia de tanques), para evitar algum tipo de derrame para o solo ou para bueiros que alcançarão os rios, também são importantes para acúmulo de água, que poderá ser utilizada como secundária, excetuando-se sua utilização como potável.

9 – Nos mictórios (por todos os lugares), seria interessante aquele que é ativado com a presença do usuário, mas que só libera a água após o afastamento da pessoa.

10 – Quando ocorre um vazamento em uma tubulação de água subterrânea, para localizá-lo é muito importante o auxílio de uma escavadeira que retire a terra ao longo da tubulação. No entanto, para evitar esse trabalho, é preferível introduzir na tubulação uma certa quantidade de sódio radioativo, na forma de carbonato (Na_2CO_3) que é solúvel em água. As radiações emitidas por esse isótopo podem então ser seguidas por um contador Geiger na superfície do solo. Enquanto o carbonato de sódio não chegar ao local do vazamento, o contador registra emissões regulares. Quan-

do ocorrer o registro de emissões muito superiores ao regular, está localizado o vazamento.

11 – Águas de arrefecimento podem ser usadas de forma cíclica.

12 – Nos trocadores de calor do ar-condicionado central, as águas são descartadas, o que se caracteriza em desperdício de mais de 100.000 litros/mês.

13 – Ar-condicionado convencional, onde haja muitas unidades, o recolhimento da água seria também uma saída, para locais onde existe um racionamento instaurado (cada minuto = 15 mL × 60 = 900 mL. 900 mL × 9 h = 8.100 mL (8,1 L). 8,1 L × 100 aparelhos = 810 L× 22 dias trabalhados = 17.820 L).

Medidas Preventivas Gerais nas Empresas e Residências

1 – Você sabe quanto custa a água que consumimos? Um real cada 1.000 litros. Porém, se continuarmos nesse ritmo que estamos, desperdiçando de 150 a 400 litros por pessoa em alguns lugares pelo mundo, a tarifa sofrerá um incremento substancial, forçando as pessoas com menos recursos a fechar ainda mais a bica. Como podemos analisar, o cinturão de pobreza aumentará, gerando ainda maiores animosidades sociais, onde a sociedade sofrerá com o crescimento da criminalidade. Um efeito bumerangue será inexoravelmente instalado.

Existem alguns testes que poderemos realizar para identificar um possível vazamento.

1A – Fechar o registro do cavalete em entrada da água em sua casa. Abra uma torneira alimentada diretamente pela rede de água – por exemplo, a do jardim ou a do tanque – e espere até escoar. Pegue um copo cheio de água e coloque-o na "boca" da torneira. Caso haja sucção da água do copo pela torneira, é sinal que existe vazamento no cano.

1B – Feche todas as torneiras e registros da casa e passe a observar o hidrômetro, "aparelho que mede o consumo de água". Os ponteiros do hidrômetro não devem se mexer. Caso afirmativo, há vazamento na casa ou na empresa. É prudente lembrar que um pequeno furo, de 2mm, pode desperdiçar até 3.200 litros de água por dia. Esse volume é mais que suficiente para o consumo de uma família de 4 pessoas durante 5 dias.

1C – Caso uma pessoa escove os dentes ou faça a barba em mais de 5 minutos, deixando a torneira aberta, estará gastando 24 litros de água por dia. Esse volume garantiria o abastecimento de uma pessoa por 12 dias.

1D – Deve-se evitar fazer o vaso sanitário de cesto de lixo. Papel, cotonete, algodão, pontas de cigarro não devem ser jogados no vaso. Caso os 16 milhões de habitantes da região metropolitana de São Paulo deixem de usar descarga por um dia por causa desse lixo jogado em lugar indevido, serão economizados cerca de 160 milhões de litros de água diariamente!!! Esse volume pode abastecer a cidade de Santo André, em SP, ou algumas cidades no Rio de Janeiro, como Petrópolis, por exemplo.

1E – O banho demorado em ducha em 15 minutos consome 135 litros de água por banho, com meia volta de água (torneira) aberta. Outro detalhe importante é que a ducha gasta até 3 vezes mais do que o chuveiro convencional.

1F – A roupa pode ser lavada também com economia. Não lave poucas peças por vez. Isso se aplica para o tanque e para a máquina de lavar.

1G – Não faça a mangueira de vassoura d'água. Usar a vassoura na forma convencional oferece o mesmo resultado.

1H – Lavar seu carro ou moto por 30 minutos com abertura de meia volta na torneira consome a incrível marca de 216 a 560 litros!!!

1I – Uma torneira mal fechada, pingando, poderá gastar mais de 40 litros por dia, quantidade que serviria para saciar a sede de uma pessoa por 20 dias.

1J – A água originada das lavagens nos lava-jatos e os water-boxes pode ser captada, decantada, filtrada e reutilizada, quando na construção dos postos de gasolina. A espuma deve ficar sobrenadante e as partículas de sujeira no fundo do tanque de recepção. Estudos para cada caso devem ser realizados para se perceber qual o tempo "ótimo" para a decantação e posterior reutilização. Logicamente, caso haja necessidade, a água do sistema (CEDAE) poderá ser inserida no processo. Com esse adendo, poderá se otimizar a utilização de "água nova".

1K – Instalação da torneira presencial, que permite a saída de água enquanto uma das mãos ativa o sensor.

Já houve cientistas que ventilaram a idéia de captar as águas congeladas nos pólos. No entanto, ao descongelar, elas poderão liberar muitas doenças erradicadas, como a varíola.

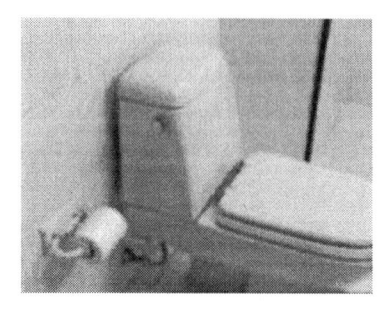

Caixa com 6 litros de água.

Escovação de dentes, bica fechada.

De Responsabilidade dos Governos

1 – Água potável e tratamento de esgoto, o grande desafio que teremos à frente. Educar ambientalmente por meio de comunicação e distribuição de material educativo, a fim de mostrar a importância da redução do consumo, relacionado aos itens anteriores e posturas corretas que devem ser adotadas.

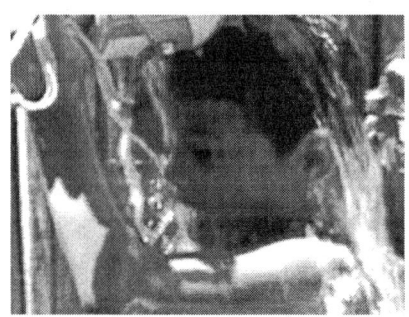

A água é um direito de todos.

2 – Replantio de árvores seria de suma importância, pois, unindo os fenômenos que já observamos, a evapotranspiração dos vegetais superiores exala para a atmosfera uma enorme quantidade de água em forma de vapor. Os vegetais possuem estruturas especializadas, como os estômatos e as células-guarda, que estão na superfície dos tecidos. Quanto mais áreas plantadas, maiores são as chances de chover, aumentando a possibilidade de acúmulo desse incomparável bem em épocas de escassez de chuvas.

3 – A captação de orvalho pode representar uma alternativa importante. Em áreas nas quais esse fenômeno é registrado, anteparos podem convergir a condensação para um ponto de acúmulo, o que poderá ser utilizado nas situações mais diversas.

4 – Com o advento da utilização do hidrogênio como o combustível a ser o substituto oficial dos hidrocarbonetos, uma vantagem será uma quantidade de água a mais para a atmosfera, pois com a queima de H_2, produz-se H_2O. $2H_2 + O_2 \xrightarrow{\Delta} 2H_2O$.

5 – Por muitas vezes, superpetroleiros atravessam a Amazônia. Seria interessante uma lei que obrigasse casco duplo para esse tipo de embarcação, a fim de se evitar desastres ecológicos, como foi o caso do Exxon Valdez. Um desastre desses no rio Amazonas (o maior do mundo) traria conseqüências desastrosas para a biota marinha, muito sensível a essas estruturas carbônicas extremamente pesadas, nas quais encontramos estruturas parafínicas, naftênicas e as temíveis aromáticas.

6 – Fiscalização mais rígida sobre a possível utilização de Medusas, que possam estar levando água daqui para alhures diferente.

7 – Quando da escolha de locais para servirem como depósitos de lixo (os famosos lixões), os solos deverão ser impermeáveis, retendo o perigoso chorume que causa sérios problemas ao meio ambiente, principalmente à biota aquática. Aqui no Brasil, no bairro de Gramacho, no Município de Duque de Caxias, no Estado do Rio de Janeiro, a sorte protegeu a já tão castigada Baía de Guanabara, onde não houve prévio estudo geológico, podendo o chorume acumulado ser por esse motivo entregue às águas, formando zonas mortas por hipoxia. As águas da Baía não são utilizadas para a formação de água potável, mas poderia, no ciclo hidrológico, ser altamente negativo. Por esse motivo, reservei um espaço para esse comentário de relevante importância.

8 – Os dutos que serão empregados para o transporte da água devem ter, em função dos estudos que apontam perdas importantes, qualidade garantida por lei. Parece ser uma colocação radical, mas, se pensarmos que mais de 2 bilhões de pessoas não têm acesso à água potável e nem a tratamento de esgoto, esse item passa a assumir conotação de importância.

"Sem água as plantas também não vão crescer, os animais não vão ter o que comer, então vai tudo acabar", alerta uma criança. É incrível que uma criança tenha essa sensibilidade, enquanto as pessoas que se encontram no poder, para nos fornecer uma vida digna e sem vicissitudes, não encarem que a rede de abastecimento está à beira de um colapso.

Muito se tem dito nas rádios e televisões, mas a mudança é um fenômeno demasiadamente vagaroso. Estamos hoje acostumados a inúmeras pessoas falarem, como se tivessem propriedade, sobre reciclagem, a reutilização e redução dos gastos. A redução e a reutilização são dois dos três erres com os quais poderemos trabalhar seriamente, ajudados por todos os segmentos da sociedade.

"A civilização, no verdadeiro sentido da palavra, não consiste em multiplicar nossas necessidades, mas em reduzi-las voluntariamente, deliberadamente."
(Mahatma Gandhi.)

Conclusão

Continuamos a exercer nossas funções dia após dia e estamos tão desatentos com os sinais de fraquejamento de nossos escudos de defesa, da própria Terra, que é baixo o interesse frente aos infelizes ataques sobre os elementos que determinam diretamente nossa sobrevivência. O trabalho, a escola, os amigos, a fé de cada um, só poderão existir enquanto as condições que permitem essa satisfação para cada ser no Planeta continuarem disponíveis e de forma abundante. Quando falei muitas vezes sobre o meio ambiente, é óbvio que tinha em mente as inúmeras situações que, condicionando as qualidades do ar, do espaço físico, da água, da produção de alimentos e de outros aspectos da Biosfera (onde, é óbvio, coexiste o homem), podem ser congregadas sob esse título. A água é um dos principais fatores responsáveis pelos fenômenos que hoje vemos com muita apreensão; em termos de alteração ambiental, e sob várias nuanças de nossas vidas, embora um esmagador percentual de pessoas não perceba, tais fatores estão cada vez mais próximos de nossa realidade e influem até mesmo em nossos modos de vestir, de comer, de agir e até em nossa forma secular de trabalho. A água, indubitavelmente, está no centro de fenômenos nitidamente perceptíveis, quer em nível meteorológico e geofísico-químico, quer em nível político-econômico, o que baliza as relações interpaíses dentro da dimensão mundial [sendo que, sob este último aspecto, valem os determinismos ditados pelos países centrais (detentores de tecnologia industrial e de capacidade bélica nuclear)]. Nas decorrências do primeiro dos níveis citados, temos, como exemplos, os processos de transformação de terras aráveis em desertos, o El Niño (agora nas águas do Atlântico, gerando ciclones em zonas de alta pressão), o sumiço das ilhas Maldivas, o aumento da salinidade dos mares fechados, de alguns lagos e dos próprios oceanos (principalmente nas suas superfícies, devido ao efeito *run-off*), a mudança de posicionamento do *rain-belt*, modificando as monções (os filhos da chuva, lembra-se?), doenças causadas pelo *Helicobacter pilory*, giardíase, cólera e outras manifestações indesejáveis. Já nas decorrências do segundo dos níveis citados, temos, como exemplos, mudanças nas orientações geopolíticas dos países do G-7, o Banco Mundial e o FMI exercendo pressões sobre países pobres, redução na produção de alimentos para o mundo, a exploração indevida nos aqüíferos, criação de águas ditas minerais que são na realidade produzidas artificialmente e, até mesmo, a busca por alternativas de se economizar água empresarialmente e nas residências.

O que pretendi apresentar neste trabalho confeccionado com todo denodo e seriedade, ainda que não conclusivo, só será coroado de êxito se as informações aqui registradas se converterem em agente de transformação da forma pela qual muitos ainda vêem o meio ambiente e nossa dependência dele. As informações aqui registradas, que tive um imenso prazer em compartilhar com pessoas comprometidas com a sobrevivência, são as maiores demonstrações de fraternidade, pois, independente de sexo, de religião e de *status* social de cada um dos indivíduos que compõem esta humanidade, tais informações estão sendo disponibilizadas justamente visando a se constituir num elemento contribuinte da modificação de pensamentos e de ações dos citados indivíduos (que inegavelmente estão no centro dos fenômenos aos quais assistimos); tudo tendo por objeto a manutenção das condições de vida saudável neste inigualável Planeta posto ao nosso dispor, o que é, sem dúvida, um inalienável direito de cada ser vivo, independentemente dos constrangimentos impostos às maiorias por aqueles que ainda dispõem de poder para o alcance de seus fins particulares, seja por que meios forem.

Um abraço a todos, lembrando as palavras do chefe Seattle: "O que for feito à Terra, recairá sobre os filhos da Terra".

Glossário/Siglário

Abiótico – Sem vida, em uma síntese mais abrangente.

ABNT – Associação Brasileira de Normas Técnicas.

Al$_2$(SO$_4$)$_3$ – Sal de Sulfato de Alumínio.

Antropocentrismo – Que coloca o homem como o centro de tudo.

Aqüífero – Local onde normalmente encontramos água em abundância.

Big-Bang – Teoria de Einstein sobre a origem do Universo (na realidade, feito pelo padre belga Georges Lamaitre (1894-1966), que, em 1932, fascinou A. Einstein em uma conferência no Mount Wilson Observatory, na Califórnia).

Biosfera – Local onde toda a vida na Terra reside.

Bivalves marinhos – Moluscos filtradores.

CEDAE – Companhia de Águas e Esgotos.

Cérbero – Cão com três cabeças que guardava as portas do inferno.

Competição Interespecífica – Competição entre espécies diferentes.

Competição Intra-específica – Competição entre a mesma espécie.

CONAMA – Conselho Nacional do Meio Ambiente.

Cornocupiano – Corrente que acredita que a tecnologia poderá reverter os problemas pelo Planeta. Teoria baseada no Tecnocentrismo.

DDT – Diclorodifeniltricloroetano – inseticida.

EIA/RIMA – Estudo de impacto ambiental/Relatório de impacto no meio ambiente.

ETE – Estação de tratamento de efluentes.

FEEMA – Fundação Estadual de Engenharia e do Meio Ambiente.

Gaia – Nome dado à biosfera, que teoricamente seria um grande organismo.

Hades – Deus dos mortos.

Hélio – Substância presente no Sol. Gás nobre.

Heliobacter pilory – Bactéria que pode provocar câncer no sistema digestivo.

Heliocentrismo – Teoria que coloca o Sol como o centro de tudo.

Higroscópico – Que tem afinidade com água, que a captura.

Hipoxia – Sufocamento.

Isótopo – Elemento químico que apresenta o mesmo número de prótons, com massa atômica diferente. Ex.: Hidrogênio leve, o Deutério e o Tritério.

Lobotomia – Separação dos hemisférios cerebrais.

NASA – National Administration Space Agency

ONU – Organização das Nações Unidas.

Percolar – Penetrar no solo.

PET – Polietiltereftalato.

pH – Potencial hidrogeniônico.

Pugna – Luta, disputa.

PVC – Cloreto de polivinila.

Rain-belt – Cinturão das chuvas.

Ressurgência – Fenômeno das águas frias que afloram trazendo nutrientes.

Run-off – Águas que voltam para o mar, oriundas do continente.

Trismo – Quando o músculo masseter se enrijece, devido ao tétano.

Referências Bibliográficas

ADAM, Roberto Sabatella. *Princípios do Ecoedifício*, Brasil: Ática, 2001. 157 p.

BARLOW, Maude & CLARKE, Tony. *O Ouro Azul*. Estados Unidos: M. Books do Brasil, 2003. 331 p.

BARLOW, Maude e CLARKE, Tony. Ouro Azul SP. Ed. M. Books do Brasil Ltda.

CAPRA, Fritjof. *O Ponto de Mutação*. Berkley: Cultrix, 1982. 447 p.

CONN, Eric Edward. *Introdução à Bioquímica*. Estados Unidos: Edgard Blücher, 1975. 447 p.

COSTA, L. J. P. *Análise Bacteriológica da Água*. Brasil: Universitária/UFPb. 1980. 462 p.

HAWKING, Stephen. *O Universo Numa Casca de Noz*. Reino Unido: Mandarim, 2001. 215 p.

MACÊDO, Antônio Barros de. *Águas & Águas*. Brasil: Ortofarma – Laboratório de Controle de Qualidade, 2000. 505 p.

RIFKIN, Jeremy. *A Economia do Hidrogênio*. Estados Unidos: M. Books do Brasil Ltda., 2003. 300 p.

Tese: Saúde pública quanto ao tratamento da água, 2000. 160 f. (Tese de Doutorado em saúde pública) – Escola Nacional de Saúde Pública, Fundação Oswaldo Cruz, Rio de Janeiro.

VÁRIOS AUTORES. *Repensando o Espaço da Cidadania*. Brasil: Cortez, 2002. 255 p.

VILLIERS, Marq de. *Água*. Canadá: Ed. Ouro, 2000. 457 p.

WILSON, Edward Osborne. *O Futuro da Vida*. Estados Unidos: Campus, 2002. 242 p.

Sites da Internet:

www.patrulhadasaguas.cjb.net

www.sosplaneta.cjb.net

www.tema-poluir.hpg.ig.com.br

www.estudaweb.hpg.ig.com.br/meio_ambiente/problemas_ambientais/poluicao_das_aguas

www.educar.sc.usp.br/biologia/textos/m_a_txt5.html

www.universidadedaságuas.com.br

Poema das Águas

Dádiva aos homens, beleza e refrigério para almas aflitas, vide um oásis em deserto causticante. A tua beleza nem sempre é plácida, vez por outra demonstras ser arredia, ultrapassas teus portões imaginários, das areias, para mostrar a tua força. Nesse momento de reflexão pelo medo, acatamos repensar sobre buscar o equilíbrio. Mas, assim que retornas ao teu lugar, a insanidade que não conseguiste lavar retoma o comando. Em troca de te entregar por inteiro, te maculamos em teu âmago. Resignada com tal arbitrariedade, continuas circulando por lugares predefinidos há tempos. Carregas em teu corpo as marcas da brutalidade e da insensatez humana, traduzida na escória das atividades industriais assassinas do Homo-sapiens-sapiens (demens). Não faltam alertas da tua parte, mudas de cor, às vezes espumas, não de cólera. Nossa insensibilidade assume posição mais drástica ainda, impedindo os teus caminhos, te assoreando, manchando, acidificando, surgindo a fala que é tarde demais, tornando-te imprestável. Daí surgem os tenebrosos efeitos que desalentam os homens, que aventam soluções mirabolantes, mas, sem amor, não chegam a qualquer conclusão. Vasculham o espaço tentando reencontrar-te, mas em condições totalmente inóspitas. Filosofam os homens, inventam mais processos químicos, que apenas atenuam teu sofrimento e posterior morte. Porém, daqui a algumas centenas de anos, provavelmente tu voltarás, sadia, embora para a tua surpresa estarás só, sem ninguém para que sacie a sede ou que como de costume coloquem em ti as marcas de um passado que agora é longínquo.

Talvez tudo possa ocorrer novamente, de animais com fenótipo totalmente diferente, possam os primatas ressurgir das cinzas como Fênix e o perigo recomeça, onde ao descerem das árvores já se note o polegar opositor.

Manual de Auditoria Ambiental
2ª Edição

Autores:
**Alexandre Louis de Almeida D'Avignon;
Carla Valdetaro Pierre;
Debora Cynamon Kligerman;
Emilio Lèbre La Rovere;
Heliana Vilela de Oliveira Silva;
Martha Macedo de Lima Barata;
Telma Maria Marques Malheiros**

ISBN: 85-7303-263-4
Nº de páginas: 152
Formato: 21 × 28 cm

A segunda edição deste grande Manual, já fala a respeito das tendências da Auditoria Ambiental. Traz uma análise dos autores sobre a Unificação dos procedimentos de Auditoria em todas as áreas, incluindo o próprio meio ambiente, a qualidade, a saúde e a segurança.
O livro familiariza o leitor com o conceito de auditoria ambiental. Fornece o instrumental básico para que empresas de qualquer setor econômico possam realizar uma auditoria, evitando que suas práticas produtivas resultem em impactos ao meio ambiente. Os autores descrevem as recentes mudanças, decorrentes dos códigos empresariais de gestão ambiental, como a Série ISO 14000 e, mostram que a auditoria ambiental contribui para uma melhor gestão pública e empresarial do meio ambiente.

Manual de Auditoria Ambiental de Estações de Tratamento de Esgotos

Autores:
**Alexandre Louis de Almeida D'Avignon;
Carla Valdetaro Pierre;
Debora Cynamon Kligerman;
Emilio Lèbre La Rovere;
Heliana Vilela de Oliveira Silva;
Martha Macedo de Lima Barata;
Telma Maria Marques Malheiros**

ISBN: 85-7303-354-1
Nº de páginas: 176
Formato: 21 × 28 cm

A obra aborda temas como: o enfoque ambiental dos sistemas de esgotamento sanitário e da ETE; a gestão ambiental de uma ETE; a análise de desempenho, o risco e impactos ambientais dos processos de tratamento de esgotos; o planejamento e condução da auditoria ambiental em uma ETE; e instrumentos para realização de auditoria ambiental em Estações de Tratamento de Esgotos Domésticos. Este manual dá continuidade ao livro Manual de Auditoria Ambiental, escrito pelos mesmos autores e editado, também, pela Qualitymark. Os autores alertam que a utilização desse manual pressupõe o conhecimento dos conceitos da auditoria ambiental abordados na obra anterior.

Gestão Ambiental

Autor:
Paulo de Backer

ISBN: 85-7303-066-6
Nº de páginas: 266
Formato: 16 × 23 cm

A obra mostra que a velha dicotomia entre ecossistema natural e ecossistema industrial não leva a lugar algum, pois as indústrias são necessárias e, quando geridas de maneira responsável, não agridem ao meio ambiente.
Todos os passos para a criação de uma estratégia empresarial ecológica são explicados nesse livro, que, ainda, contém tabelas para auto-avaliação de todos os setores da empresa em relação à questão ambiental.

Entre em sintonia com o mundo

QualityPhone:
0800-263311
Ligação gratuita

Rua Teixeira Júnior, 441
São Cristóvão
20921-400 – Rio de Janeiro – RJ
Tel.: (0XX21) 3860-8422
Fax: (0XX21) 3860-8424

www.qualitymark.com.br
E-Mail: quality@qualitymark.com.br

DADOS TÉCNICOS

- FORMATO: 16 X 23
- MANCHA: 12 x 19
- CORPO: 11
- ENTRELINHA: 13
- FONTE: PALATINO LINOTYPE
- TOTAL DE PÁGINAS: 140

Este livro foi impresso nas oficinas gráficas da
Editora Vozes Ltda.,
Rua Frei Luís, 100 — Petrópolis, RJ,
com filmes e papel fornecidos pelo editor.